计算机软件
开发、测试及应用研究

李 健 罗 婷 著

吉林科学技术出版社

图书在版编目（CIP）数据

计算机软件开发、测试及应用研究 / 李健，罗婷
著 . -- 长春 ：吉林科学技术出版社，2019.10
ISBN 978-7-5578-6204-6

Ⅰ．①计… Ⅱ．①李… ②罗… Ⅲ．①软件开发－研究 Ⅳ．
① TP311.52

中国版本图书馆 CIP 数据核字（2019）第 233021 号

计算机软件开发、测试及应用研究

著　者	李健 罗婷
出 版 人	李 梁
责任编辑	端金香
封面设计	刘 华
制　版	王 朋
开　本	16
字　数	220 千字
印　张	9.75
版　次	2019 年 10 月第 1 版
印　次	2019 年 10 月第 1 次印刷
出　版	吉林科学技术出版社
发　行	吉林科学技术出版社
地　址	长春市福祉大路 5788 号出版集团 A 座
邮　编	130118

发行部电话 / 传真　0431—81629529　　81629530　　81629531
　　　　　　　　　　81629532　　81629533　　81629534

储运部电话　0431—86059116
编辑部电话　0431—81629517

网　址	www.jlstp.net
印　刷	北京宝莲鸿图科技有限公司
书　号	ISBN 978-7-5578-6204-6
定　价	47.00 元

前　言

　　计算机软件测试技术对于软件开发而言具有重要的作用，能充分保障软件的精确性，为软件开发工作带来安全保证。笔者将从计算机软件开发的重要性、计算机软件开发流程、计算机软件测试技术在软件开发中的有效应用，三个部分进行阐述。

　　相对于应用软件而言，计算机仅仅只是作为一种辅助工具，计算机之所以能够帮助人们有效地解决这类问题，促进社会迅猛发展，最重要的就是计算机内的软件应用，可见，软件的开发极为重要。随着国家经济体系的不断改革，各行各业已经逐步面向现代化发展，互联网的普及无疑为人们的发展奠定了结实的基础，也给应用软件的进一步研究开发提供强有力的保障，计算机软件的应用已经在人们的生活中得以普及，而人们的日常生活也已经离不开网络的支持。计算机软件的应用不断丰富了人们的日常生活，使人们更加重视精神的自我培养，此外，计算机网络也在不断推动着人们前进。

　　在开发计算机软件之前，对其进行需求分析是开发应用软件的首要环节，亦是最重要的环节之一。软件开发需求分析质量，会直接对应用软件开发造成影响，一般情况下研究人员要根据软件需求内容，对软件的概要进行设计，并且结合软件的功能需求情况设计出软件程序流程图，若是利用类似于 C 语言等的高级语言实施程序编写，还应当根据软件模块设计各模块的应用功能。概要设计为软件的开发提供了程序框架，后续的开发工作都是在这个框架基础上进行操作，可见这个框架不但能够决定计算机软件程序功能，而且还能对软件运行的效率产生一定的影响。在基于软件程序具体的开发过程中，想要实现其特定功能，可选择多个语句或者逻辑关系等来实现，但不同的逻辑关系与语句也会从一定程度上影响软件。软件开发及其需求越来越复杂，如何编写简洁而又不会存在漏洞的应用程序，已经成为各软件开发人员最终的目标，因此，在实际研究过程当中，研究人员要十分重视概要设计环节的工作，并且保持思路清晰，设计完程序流程图之后要进行全方位的审核，不断简化软件的逻辑关系，最终实现科学合理的软件逻辑关系。

　　软件测试技术作为软件开发过程中最为重要的组成部分，该技术主要目的是为了将软件产品中存在的问题及时找出，并将测试报告交给软件开发人员予以修改。可见，在软件开发工作中，软件检测技术的应用是不可缺少的环节。

　　计算机网络技术已经在人们的生活中得以广泛应用，而软件就是应用计算机的关键，随着人们各类需求不断增加，开发计算机软件已经成为研究人员的日常工作，在具体的软件研究过程中，软件测试技术的使用是必不可少的，因此软件开发人员还应切实做好相关工作，解决软件开发所面临的困境，不断提升自己的开发水平，对软件开发工作进行深入研究，促进软件事业的持续发展。

目　录

第一章　计算机软件概述

第一节　计算机软件设计的原则

信息化时代的快速发展，使计算机在社会生活中发挥着十分重要的作用，推动了社会的发展。而计算机也得到了广泛的普及，计算机软件的开发设计是计算机快速发展的重要原因，其推动了计算机的发展。而支撑计算软件设计的原则也是值得研究和探索的，本节主要论述了计算机软件设计的重要性以及设计原则，在进行设计中应注意的事项及设计方法，使其推动计算机更好的发展，为社会生活带来便捷。

计算机软件主要包括系统软件和应用软件，系统软件主要指支撑计算机运行的各种系统，而应用软件是指解决用户具体问题的软件。因此软件的开发对计算机非常重要，用户在使用计算机的时候其实是在使用计算机软件。计算机软件的开发水平决定着计算机的发展水平和发展速度。计算机软件设计是计算机的核心，用户主要是通过对计算机软件的操作来达到使用电脑。计算机软件设计可以为用户提供一个良好的使用平台，使用户在使用计算机的时候更加简单和快捷，计算机软件设计是否合理安全，对用户具有非常重要的影响。因此在对计算机软件进行设计开发时要严格按照规定的要求进行开发。传统的计算机软件设计开发主要是进行手工操作，这种软件设计方式存在一定的局限性，例如操作失误率高、软件的可扩展性较低，不能满足当前用户对计算机软件的需求，因此在计算机软件设计上，设计人员要严格规范软件的开发过程，对软件设计进行综合分析、开发、调试及运行，从而开发出高质量、安全性高的计算机软件。

一、计算机软件设计的重要性

计算机软件设计是计算机系统中的灵魂，是计算机执行某项任务时所需的文档、程序和数据的集合。计算机软件设计是计算机软件工程较为关键的组成部分之一，关乎着计算机发展走向，计算机本身最为重要的是技术支撑，计算机的运行是通过计算机软件运作方式与功能来实现的。计算机软件设计是推动计算机软件工程人性化、智能化与网络化发展的主要技术。使一些网络支持、远程控制成为可能，使计算机网络技术不断创新，对计算机网络发展有着极大的助推作用。在信息化时代的今天，人们的工作、学习和生活离不开计算机软件的使用，而计算机软件设计使得其性能得到更好的完善，网络技术得以创新。在软件开发技术的推动下，远程控制、电商平台、网络共享等网络技术变得更加成熟，而随着计算机软件设计技术的不断提升，软件的高效性、安全性、可靠性有了较大的提高。使得计算机软件的使用价值不断提升，因此计算机软件设计在我国经济发展时代具有重要的作用，推动着计算机科学技术的向前发展。

二、计算机软件设计的原则

（一）先进性原则

计算机软件在设计上要确保先进性，要时刻关注社会的发展趋势和人们的需求，采用先进的科学技术和思想意识，对传统的设计方式要选择性利用，并结合先进的研发技术促使研究人员对计算机软件的设计顺利展开。要充分利用先进技术满足人们对计算机的需求。

（二）安全性原则

安全性是计算机软件在设计上非常重要的一个原则，只有确保计算机软件在设计足够安全可靠，才可以更好地被用户使用和认可，计算机属于用途非常广泛的网络产品，如果软件在设计上存在安全问题，可能会导致数据和信息的损坏和丢失，对用户在使用计算机时造成一定的影响，因此安全性原则必须引起足够的重视。

（三）可扩充性原则

计算机在社会生活中的普遍推广和使用，储存的信息也越来越多，计算机软件在设计上要保证留有升级接口和升级空间。

（四）可理解性原则

软件设计要简单明了，易于理解和学习，使用户在使用时能够理解它的设计用途，不仅仅是对文档清晰可读的理解，还要求软件本身具有简单易懂的设计构造，因此这就要求设计者充分考虑使用对象的特点，利用其掌握的技术知识进行研发。

（五）可靠性原则

计算机软件设计要求其具有可修改性，设计者在进行设计时要充分考虑其可修改性原则，使计算机软件有良好的构造和完备的文档，易于进行调整。

计算机软件系统规模越做越复杂，其可靠性也很难保证，软件系统的可靠性也直接关系到计算机本身的性能。软件可靠性是指软件在测试运行过程中避免可能发生故障的能力，一旦发生故障，具有解脱和排除故障的能力。计算机软件的可靠性为计算机的发展提供了有力保证，因此设计者在设计上要充分重视可靠性原则对计算机软件的设计的重要性。

社会的发展促使计算机软件设计的不断更新，计算机对社会生活的影响越来越重要。

计算机软件在设计上要充分考虑其特征和运用的范围，计算机软件设计的原则对计算机的发展也起着关键的作用，设计者在设计软件时要简单明了，使用户能够轻易使用计算机为其生活和工作带来便利。计算机软件的安全性是保证计算机正常运行的重要因素，只有计算机软件的安全性得到保证，用户才会更加认可计算机带来的积极影响。同时还要注意计算机的先进性，计算机本身有很高的技术性，其发展速度和更新换代也非常快，要时刻关注社会生活和人民的需求，及时进行软件设计的开发，跟上时代的步伐，计算机软件设计对计算机起着至关重要的作用，因此要重视软件的设计开发，更好地为社会和用户服务。

第二节　计算机软件的知识产权保护

加快科技创新，实施创新驱动发展战略，响应时代大趋势号召，加速我国经济发展进入新常态。计算机软件作为科技创新的重要载体和核心力量，主宰着科技革命发展的方向。注重提升软件创新能力，建立以知识产权保护为基础，协同商业秘密与《著作权法》等法律体系的协同维护新格局。运用知识产权体系多维度保护软件实现过程，保护软件开发者的创新思维和劳动成果，提高专利服务行业从业人员的专业素养，为科技创新提供高层次高质量的代理服务，为软件产业的优化发展保驾护航。发扬计算机及其软件作为科技发展的核心力量，释放创新人才的发展潜能，调动全社会的创新创业积极性。

科技革命给人类社会带来了新的机遇和挑战，赋予了人类前所未有的创新和实践空间。科学创新解决了社会发展所面临的各项重大难题，物联网、大数据、区块链、人工智能、无人机、基因工程、新材料等颠覆性技术应运而生，社会生活方式发生了深层变革。科技创新的高潮积累的量变终究会演变成为科技革命的质变。计算机及其软件作为科技发展的核心力量，主宰了科技革命的发展方向。

我国在 1990 年出台的《著作权法》规定了计算机软件属于著作权客体。1991 年发布的《计算机软件保护条例》明确了计算机软件属于著作权客体的法律规定。2001 年国务院修订了《计算机软件保护条例》，使其与 TRIPS 协议相一致。此后国家推行了一系列进一步鼓励软件产业和集成电路产业发展的政策，旨在推动我国软件行业向纵深方向发展。这些政策对于增强科技创新能力，提高产业发展质量具有重要意义。我国《专利审查指南》中对可申请保护的软件做出了具体解释："计算机程序包括源程序和目标程序。计算机程序的发明是指为解决发明提出的问题，全部或部分以计算机程序处理流程为基础，计算机通过执行按上述流程编制的计算机程序，对计算机外部对象或内部对象进行控制或处理的解决方案。"即计算机程序一旦构成技术方案解决技术问题，其与其他领域的专利对象一样在知识产权保护体系中具有一般性。

一、计算机软件及其保护模式解析

（一）计算机软件及其属性

计算机软件具有无形性、专有性、地域性、时间性、易复制、创造性、不可替代性等属性。计算机软件的核心在于算法，算法是一种智力活动的规则，是对数据施以处理步骤，对数据结构进行操作，解决问题的方法和过程。软件是算法运行于规则并体现出的技术效果。软件是用硬件支持的源代码作用于外设来实现功能。从形式上看，一个抽象的算法被界定为没有任何物质实体的纯粹的逻辑，似乎仅仅是一种"自然法则"或"数学公式"，属于"智力活动的规则和方法"，因此，得出了软件不属于专利保护范围的结论。

在 20 世纪 30 年代，邱奇—图灵命题（Church—Euring Thesis）明确提出了所有计算机程序的等价性。"图灵等价"（Turing Equivalent）广泛应用于编程人员使用编程语言开发处理的某一事项。软件功能对用户而言是封闭的黑匣子，用户体验结果在于最终呈现的功能性。体验结果也许大抵相同，但其实现途径差别迥异，作品的创作过程不能被另一个创作者完美复制。软件开发实现途径丰富，对开发者创新实践过程施行全方位保护势在必行。

软件产品一定程度上的独立存在形式，离开了设备平台就失去了运行根基，软件与计算机或其他硬件设备相结合使用才能构成一种具体的技术方案。两者作为有机整体相辅相成，构成工具性的装置后才具备一定的技术效果，能够解决技术问题，体现其存在的价值。最终实现了对自然规律的间接利用，具备了软件产品的技术性和实用性。

（二）计算机软件的保护模式

在科技飞速发展的当下，受信息共享、传播便捷、侵权成本低等因素的影响，软件源代码的"再使用"和"逆向工程"等侵权行为屡见不鲜。目前普遍使用的著作权、商业秘密、专利法等保护模式，在各自领域作用的同时也接受着实践的检验。

计算机程序作为功能性作品在各国普遍使用著作权法予以保护。著作权设定的合理使用范围服务于社会公益，保护期限较长，申请程序简单易行。然而著作权的软件使用制度，使得侵权成本低廉，导致计算机软件价值大打折扣。其他开发者使用类似的设计逻辑，用不同计算机语言开发出技术效果相同的软件，并不构成侵权。对于开发者而言，软件功能的确定和逻辑设计阶段同样重要，表达方式和设计方案本身都需要保护。版权法保护计算机软件效力有限，需要其他模式相互补充和配合。

商业秘密法依赖合同对签订双方的约束，包括软件开发过程的程序、文档、技术构思等。然而计算机软件开发环境特殊，研发人员广、开发周期长、传播介质多。商业秘密保护效力局限于甲乙双方，对第三方的约束效力较弱。尤其对于技术含量高、成熟度饱满、市场前景好的研究成果，这种全面覆盖的保护方法一定程度上阻碍了科技成果转化和社会推广。

专利法较前两者而言，要求软件对象以公开换保护，从设计思想到源代码以同领域技术人员实现为准。其次在众多学科中，计算机软件需作用于技术平台才能实现技术效果，对专利文案的申请角度提出了更高的要求。专利审查周期相对较长，2～3年的授权时间与软件的保护时效相悖。计算机软件需求迅速、经济时效短、更新速度快等特点，考验着知识产权体系的适用性。

二、知识产权保护的方法和建议

在影响软件产业发展的环境中，列在首位的是政策环境，需要制定合乎我国国情发展的软件专利制度。专利法的宗旨在于鼓励和促进科学技术的进步和公众创新。它所保护的智力成果须具有一定的技术性和创新性，使用某一技术方案解决了某一领域的技术问题。强化国民的保护意识，制定行之有效的软件专利保护措施，制定相应的法律法规，以适应和促进计算机软件行业迅速发展的趋势。充分发挥《知识产权法》在各项矛盾与冲突中的平衡与协调作用，统筹兼顾各方利益。

（一）知识产权多维度保护软件

在计算机程序的研发过程中，程序开发者历经从抽象构思到实现表达的三个层次，即需求规格层、处理逻辑层和编码表达层。需求规格层是软件的构思规划部分；编码表达层则是计算机的语言描述部分，内容以文字、图像等形式表达，是传统著作权法保护的客体；处理逻辑层处在研发表达阶段，包含该程序不同层次的组织结构和处理流程设计，也包含该程序的算法、数据结构、用户界面等部分。处理逻辑层保护的任务由知识产权体系完成。

软件实现阶段包含可行性研究报告、风险预测、系统框架设计、处理流程规划、算法设计仿真、系统组件交互接口、GUI(图形用户界面)等的搭建。知识产权体系中的专利分析、专利挖掘、专利检索、专利申请等对软件实现阶段进行全面系统的保护。软件设计中可申请专利保护的环节包括：设计文档、设计思想、设计技巧、以及技术方案本身包含的算法、程序、指令、软件、逻辑等。专利保护不仅停留在保护内容的表现形式上，保护创新思维。

（二）计算机软件的作用平台

在机械、电学、通信等领域中，越来越多的技术性发明已不局限于传统的"产品"范畴，大都需要软件和硬件相结合予以实现，软件功能模块与硬件实体模块之间的界限变得越来越模糊。例如工业控制、电子设备、可编程逻辑器件等诸多应用领域中，计算机程序已取代了传统的物理操控，计算机程序实现阶段所涉及的硬件改进，减少了处理器的负担或对计算机的存储进行资源配置，均属于计算机程序的范畴而非制造了新的计算机。软件与硬件设备结合，将装置的概念更大范围延伸。将计算机软件以产品或装置的形式加以保护，使之符合专利授权的实体。同时随着实体部件与虚拟部件交互关系复杂程度的提升，在撰写包含程序特征限定的产品专利申请时，如何清晰准确地获得保护范围，也为代理行业带来了更大的难度和挑战。

（三）专利申请文件的撰写要素

我国目前采用的审查标准相较欧洲专利局的标准，在实践中更为严格。代理人要想在计算机软件的专利保护中取得主动地位，必须要在专利申请文件的撰写和代理理念上不断提高专业素养，争取保护范围最大化。代理人需要对交底材料深入浅出地分析，明确申请保护客体，明确专利分类、进行专利检索，查验抵触申请，撰写说明书，依次明确技术领域、背景技术、发明内容、权利要求等编写任务，及时有效答复审查意见，促进专利授权工作有序进行。

用专利制度保护软件，首先须明确软件是否属于技术领域，是否为技术产品。涉及计算机程序的发明专利，若是与设备结合运行的程序，能够解决技术问题且遵循自然规律的技术手段，并具备获得符合自然规律技术效果的可实施例，即属于专利保护的客体。

我国使用的国际专利分类系统（IPC）是国际通用的专利分类系统。在"A ～ H"八个部的标题下，进一步分为大类、小类、大组、小组。与运算和计数有关的申请被分到了IPC 大类 G06 下。其中大组"G06F9- 程序"控制装置和小类"G06F9/40"为用于执行程序的装置。

在撰写此类权利要求时，需要体现出所解决的技术问题和达到的技术效果，以技术手段描述技术特征，而非单纯呈现程序的源代码。权利要求的主题名称和内容避免使用软件、程序等名词，避免审查员直接认定为智力活动的规则和方法。包括软件技术特征等限定主题的权利要求，通常被认为是对软件本身的解释说明，而非描述一种技术方案，通常被排除在专利保护客体之外。

将解决方案的功能模块构架写成方法权利要求。根据交底材料明确计算机程序的实现过程，确定技术实现构成要素包括必要技术特征，按完成的技术效果划分为多个组成的逻辑或流程。说明书中以计算机程序流程为基础，按照信号处理的流向，以自然语言描述各功能模块的详尽功能、模块间的信息交互、各自实现的技术效果及解决的技术问题。权利要求描述包含特定技术特征和必要技术特征的主题。

软件作用与硬件设备是解决技术问题的实体装置，写成装置权利要求。权利要求描述装置的模块组成及各模块完成的程序功能，以及模块组成之间的连接和交互关系。说明书根据附图描述的装置硬件结构图详细描述硬件模块组成、模块关系、信号流向、参数大小等，以本领域的技术人员能够实现的为准。说明书中要描述作用于硬件装置的软件设计流程图，若涉及对计算机装置硬件结构作出改变，说明书中应具体描述技术实现的可行性和改变优势。

（四）建立协同作用保护格局

计算机软件本身具备技术性和作品性的双重性质，其创新型想法或智力劳动的成果可通过不同方式进行保护。为了更好地保护创业创新成果，促进科技技术健康快速发展，需要建立以知识产权保护体系为基础，联合著作权、商业秘密、商标法等法律法规协同作用的保护格局。知识产权保护全面覆盖，《著作权法》通用于作品描述，商业秘密平衡供求双方，商标法打造品牌形象促进创新成果转化和市场推广，这些政策方法有机结合，构成对计算机软件全面护航的保护体系，提高我国计算机软件设计行业的自主创新积极性，发觉创新人才，调动全社会的创新创业积极性。

当今社会科技改变世界。计算机软件作为科技创新的主体，是国民经济和社会信息化的重要基础。建立以知识产权为基础的协同作用保护体系，不断提高专利服务行业的专业素养，为科技创新提供高质量的服务，推动软件产业快速健康发展。发扬计算机及其软件作为科技发展的核心力量，发挥科技创新作为提高社会生产力和综合国力战略支撑的优势。推进理论创新、实践创新、制度创新、文化创新等各方面的有机结合，鼓励形成创新的良好社会氛围。高度重视战略前沿技术发展，通过自主创新掌握主动。增强全民创新意识，最大限度释放创新人才的发展潜能，让创新创业在全社会蔚然成风。

第三节　计算机软件安全漏洞检测

本节针对计算机软件安全漏洞检测分析论题，阐释了计算机软件安全漏洞概念；分析了计算机软件安全检测现状；指出了计算机软件安全漏洞检测范畴；分析了完善计算机软件安全检测的对策。

一、计算机软件安全漏洞概念

计算机安全漏洞。漏洞是指一个系统存在的弱点或缺陷，系统对特定威胁攻击或危险事件的敏感性，或进行攻击的威胁作用的可能性。漏洞可能来自应用软件或操作系统设计时的缺陷或编码时产生的错误，也可能来自业务在交互处理过程中的设计缺陷或逻辑流程上的不合理之处。

这些缺陷、错误或不合理之处可能被有意或无意地利用，从而对一个组织的资产或运行造成不利影响，如信息系统被攻击或控制，重要资料被窃取，用户数据被篡改，系统被作为入侵其他主机系统的跳板。从目前发现的漏洞来看，应用软件中的漏洞远远多于操作系统中的漏洞，特别是 WEB 应用系统中的漏洞更是占信息系统漏洞中的绝大多数。

二、计算机软件安全检测现状

（一）针对性不强

现阶段，有相当数量的检测人员并不会按照计算机软件的实际应用环境进行安全监测，而是实施模式化的检测手段对计算机的各种软件展开测试，导致其检测结果出现偏差。毫无疑问，这种缺乏针对性的软件安全检测方式，无法确保软件检测结果的普适性。基于此，会导致软件中那些潜在的安全风险并未获得根本上的解决，以至于在后期运行中给人们的运行造成不利影响。须知检测人员更应当针对计算机使用用户的需求、计算机系统及代码等特点，并以软件的规模为依据，选择最为恰当的一种安全检测方法，只有这样，才能够提高检测水平，使用户获得优质的服务。

（二）长期存在被病毒感染的风险

现代病毒可以借助文件、邮件、网页等诸多方式在网络中进行传播和蔓延，它们具有自动启动功能，常常潜入系统核心与内存，为所欲为，甚至造成整个计算机网络数据传输中断和系统瘫痪。

（三）缺乏对计算机内部结构的分析

在进行对计算机软件的安全监测过程中，必须应当对软件的内部结构实施系统分析，方能体现检测过程的完成性。然而，却有许多的检测人员对计算机软件的内部结构所知甚少，缺乏系统的认知与检测意识，使得在面临安全性问题时，检测人员无法第一时间对所发生的问题展开及时处理，最终致使计算机软件运行不稳定。

三、计算机软件安全漏洞检测范畴

（一）安全动态检测技术研究

①非执行栈技术。由于内部变量特别是数组的变量都存在于栈中的，所以攻击者可以向栈中写入恶性代码，之后找办法来执行此段代码。防范栈被攻击最直接的就是让栈不可以执行代码。只有这样才能使攻击者写在栈中的恶意代码，不能被执行，从一定程度看它防止了攻击者。②非执行堆和数据技术。鉴于堆主要是在程序运行的时候动态分配内存的一个区域，数据段却是在程序编译的时候就应经初始化了。堆与数据段如果都不可以执行代码，那么攻击者写入它们当中的恶性代码就不能执行。③内存映射技术。利用以 NULL 结尾的一些字符串来覆盖内存，是有些攻击者常用的方式。利用映射代码页的方法，便可以使攻击者较为困难的使用以 NULL 结尾的那些字符串顺利的跳转到比较低的内存区当中。④安全共享库技术。有些安全漏洞主要是源于利用了一些不安全性的共享库。安全共享库技术可以在一定程度上防止攻击者所展开的攻击。⑤程序解释技术。从实践来看，当

前技术效果最为显著的一种方法是在程序完成后，对该程序行为进行监视，并强制对其进行安全检测，此时需要解释程序的一些执行。

（二）安全静态检测技术的研究

①漏洞分类检测。安全漏洞的分类方法是多种多样的。按照已有的方法分类，则漏洞就会分为几个非常细致的部分，绝大多数的检测技术可以覆盖的漏洞相对零散、分散，因此难以在漏洞类型上找到它们所共有的特点。因此，为了方便比较，可将漏洞进行分类，安全方面的漏洞与内存方面的漏洞。②静态检测技术。静态分析：该方法主要是对程序代码进行直接扫面，并提取其中的关键语法和句式，通过解释其语义来理解程序行为，然后在严格按照事先预设的漏洞特征及计算机系统安全标准，对系统漏洞进行全面检查。

四、完善计算机软件安全检测的对策

（一）模糊检测

模糊检测的技术基础依赖于白盒技术，由于白盒技术可以较为高效地继承模糊检测与动态检测的综合优点，其检测效果也比较准确。

（二）以故障注入为背景的安全性检测

这种检测方法的关键就在于构建故障树。该检测法可以把软件系统中发生故障率最小的事件先当成是顶层事件，接着再依次明确中间事件、底层事件等，最后，就能够通过逻辑门符号来完成对底层事件、中间事件以及顶层事件的连接，构建故障树。该检测法的优势就在于能够实现对故障检测的自动化，可高效地体现故障检测的效果。

（三）以故障注入为背景的安全性检测

这种检测方法的关键就在于构建故障树。该检测法可以把软件系统中发生故障率最小的事件先当成是顶层事件，接着再依次明确中间事件、底层事件等，最后，就能够通过逻辑门符号来完成对底层事件、中间事件以及顶层事件的连接，构建故障树。该检测法的优势就在于能够实现对故障检测的自动化，可以十分高效地体现故障检测的效果。

第四节　计算机软件中的插件技术

插件技术存在的主要目的就是在不对计算机软件进行修改调整的基础上对软件的使用功能进行拓展与调整。插件技术可以从外部提供给应用程序相应的接口，并且通过接口的相关约定为应用软件提供所需要实现的功能。现文章主要针对插件技术及其在计算机软件中的运用进行探析。

插件技术是当前计算机软件开发中使用广泛的技术之一，有效扩展了计算机软件的开发范围，已经给计算机软件开发提供便捷与高效。插件技术的使用不仅仅可以实现多人一同开发计算机软件，同时还能够显著减少软件开发的工作量，使得软件的使用与后期维护更加便捷。

一、插件技术及其类别

插件技术的应用使得计算机软件的开发获得了前所未有的高效与方便。不同的应用目标可以由不同类型的常见技术来实现，主要可以分为三个类别：第一，聚合式插件。聚合式插件是插件技术中较为普遍，也相对简易的一种类型，其可以使用当前已有的程序来进行插件的制作，这十分彻底的体现聚合式插件的应用特点与优势。聚合式插件的自由度相对较高，用户可以根据需求来设计端口对应用软件进行处理，使得插件与应用软件的关系更加紧密，信息数据沟通更加方便快捷。例如，需要制作某款计算机软件的插件编程人员则能够创建不同端口来对软件中的资源数据进行访问，并通过数据来优化插件制作。第二，脚本式插件。脚本式插件是插件技术类型中对技术含量要求相对更高的类型。编程人员在制作脚本式插件的时候也需要使用到较高的专业技能。脚本式插件在使用过程中不需要使用其他软件辅助即可以独立的完成软件的制作。第三，批处理式插件。这一类型插件技术的运用范围最为广泛，主要特点是操作简易，不需要过高的专业技能即可操作。属性多为文本节件，即使不是十分专业的编程人员也可以对插件进行操作。相对于聚合式插件以及脚本式插件来说，批处理式插件的自由度较低，在实际操作过程中必须要按照程序的每个步骤来进行，不得任意调整或删减。

二、计算机软件中的插件技术

（一）插件技术在计算机软件中的优势

插件技术应用在计算机软件中是非常有必要的。应用软件的插件与插件之间是相互独立，不受干扰的。结构独立灵活，可以根据计算机软件的使用需求来进行调整或删除，使得计算机在维护与管理上更加便捷。插件的构成部分就是一系列更小的插件功能，集中统一向外部提供所需服务，所以插件具有可复制性。如需要调整软件结构只需要删除相关插件即可，大大减少了软件调整的不便。

（二）插件技术的具体运用

1.Java 虚拟机

Java 虚拟机插件即为 Java Virtual Machine，其是一个非实物的，虚拟的计算机程序。在使用中 Java 虚拟机插件可以被使用到计算机当中用以模拟不同计算机的功能。Java 虚拟机插件的结构相对完善，能够完整的实现数据传递、信息处理、信息命令执行以及信息存放等常用功能。如用户要在互联网中访问非普通网站，则可以利用 Java 虚拟机插件来获取非一般网页的素材。

2. 3DWebmaster 网上虚拟现实

一般网络环境的虚拟场景建设均是使用 3D 技术实现的，3D 技术耗时长、人工消耗大、制作效果也差强人意。基于此背景 SuperScape 设计了一款专门用来构建虚拟环境的插件，即为 3DWebmaster。与此同时，还根据浏览器所展现的浏览效果增加了强化效果插件 VisCape。两种类型的插件配合使用可以高效的被运用在虚拟场景的构建中，通过充分运用计算机的超强的运算能力让用户在通过浏览器观看虚拟现实场景变得更加身临其境。

3. Acrobat Reader 网上文学阅读

Acrobat Reader 是由 Adobe 公司开发的网络文学阅读应用插件程序。用户在使用该程序的时候可以读出 PDF 格式的文件，并且还可以根据需求进行打印。并且文档中能够留存文本格式。如用户浏览器中安装了 Acrobat Reader 插件，浏览器也不会显示相关信息。假如用户在使用浏览器的时候要阅读 PDF 格式的文件，则浏览器可以自动打开 PDF 格式文件。

总的来说，对于现代计算机及其应用来说，计算机软件的应用与开发是计算机发展的重要内容。在计算机软件开发探索的过程中插件技术是不可忽略的重要部分。对插件的类型、插件优势以及插件的应用进行分析可以使得插件更好的被运用到计算机软件的使用中来，并且提高软件的开发、使用过程中对于有效性，降低软件开发成本，更好地满足用户的各类计算机使用需求。

第五节　计算机软件开发语言的研究

随着经济的不断发展，科技水平的不断进步，网络的不断拓展和优化，人们的生活水平不断提高，越来越多的人对物质文化要求越来越高，使得计算机已经成为人们生活中不可缺少的娱乐工具、学习工具、影音工具，而计算机软件则扮演着重要的角色，不断地丰富着人们的物质文化生活；而每一款计算机软件都是使用一种或者几种计算机语言开发而成，每一种软件开发语言都有其特点和应用范围，而适当的选择计算机开发语言能够减少开发者的工作量，并且能够给软件使用者带来不一样的使用效果。

作为软件开发过程中的支撑者，软件开发语言起着决定性的作用，每一种软件开发语言都有其自己的特性和使用范围，适当的选择软件开发语言能够大大地减少软件开发者的工作量，并能给软件使用者带来不一样的视听体验和使用体验。从历史上看，计算机软件开发语言经历了从低级到高级，由不完善、不成熟到逐渐完善和成熟的发展历程。随着计算机软件开发语言的成熟和完善历程，其主要经历了从面向过程的计算机软件开发语言，到面向对象的计算机软件开发语言，再到面向方面的计算机软件开发语言的三个发展阶段。每一个发展阶段的计算机软件开发语言都有着与当时环境相辅相成的特征。

一、编程语言概述

编程语言即计算机语言（Computer Language）指用于人与计算机之间通信的语言。计算机语言是人与计算机之间传递信息的媒介。计算机系统最大特征是指令通过一种语言传达给机器。为了使电子计算机进行各种工作，就需要有一套用以编写计算机程序的数字、字符和语法规划，由这些字符和语法规则组成计算机各种指令（或各种语句）。这些就是计算机能接受的语言。

从计算机产生到如今，已经发展出很多种计算机语言，但总的来说计算机语言可以分成机器语言，汇编语言，高级语言三大类。其原理是电脑每做的一次动作，一个步骤，都是按照已经用计算机语言编好的程序来执行的，程序是计算机要执行的指令的集合，而程序全部都是用我们所掌握的语言来编写的。所以我们是通过向计算机发出相应的命令来操控计算机。通用的编程语言有两种形式：汇编语言和高级语言。汇编语言的和机器语言在本质上是相同的，都是直接操控已有的计算机硬件，只是采用了不相同的计算机指令而已，便于人们容易识别和记忆。这样就可以使得源程序经汇编生成的可执行文件占有很小的存储空间，并且拥有很快的执行速度。

如今，大多数程序员都选择高级语言来开发软件。和汇编语言相比，他拥有简单的指令，去掉了与实际操作没有关系的细节，能够更好，更快的操作计算机硬件，大大简化了程序中的指令。同时，由于省略了很多细节，编程者也就不需要有太多的专业知识，并且可以易于理解和记忆。

高级语言主要是相对于低级语言而言，它并不是特指某一种具体的语言，而是包括了很多编程语言，如流行的 C++、Java、C#、Physon 等，这些语言的语法、命令格式都各不相同。高级语言所编制的程序不能直接被计算机识别，必须经过转换才能被执行，按转换方式可将它们分为两类：解释类和编译类。

二、几种编程语言介绍

（一）C 语言

C 语言是 Dennis Ritchie 在 20 世纪 70 年代创建的，它被设计成一个比它的前辈更精巧、更简单的版本，它适于编写系统级的程序，比如操作系统。而在此之前，操作系统是使用汇编语言编写的，而且不可移植，而 C 语言却使得一个系统级的代码编程成为了可移植的。其优点为可以编写占用内存小的程序，并且运行速度快，很容易和汇编语言结合，具有很高的标准化，可以在不同平台上使用相同的语法进行编程，而相对于其他编程语言，例如

C# 和 Java，C 语言为面向过程语言，而不是面向对象语言，并且其语法有时候非常难于理解，在使用的个别情况下会造成内存泄漏等问题。

（二）C++ 语言

C++ 语言是具有面向对象特性的 C 语言的继承者。面向对象编程，或称 OOP（面相对象）的下一步。OO 程序由对象组成，其中的对象是数据和函数离散集合。有许多可用的对象库存在，这使得编程简单得只需要将一些程序"建筑材料"堆在一起。其跟 C 语言相似，并且可以使用 C 语言中的类库等，但它比 C 更为复杂。

新一轮后勤改革完成后，华中师范大学形成了以分管校领导亲自抓、部门主要负责人直接抓的层层落实责任制，全面落实食品安全应急处置机制，实施食品安全责任追究机制。通过建章立制形成科学、高效、规范、有序的工作机制，制定《食品安全工作站成员工作职责》《食品安全工作流程》《食品安全应急处置预案》《二次供应管理细则》，涉及信息报送、日常巡查、绩效体系考评、突发事件应急处置、监管户档案管理等。

Java 是由 Sun 最初设计用于嵌入程序的可移植性"小 C++"。在网页上运行小程序的想法着实吸引了不少人的目光。事实证明，Java 不仅仅适于在网页上内嵌动画—它是一门极好的完全的软件编程的小语言。"虚拟机"机制、垃圾回收以及没有指针等使它很容易实现不易崩溃且不会泄漏资源的可靠程序。Java 从 C++ 中借用了大量的语法。它丢弃了很多 C++ 的复杂功能，从而形成一门紧凑而易学的语言。现在的人多数都用它来开发网页、服务器等，还有我们每个人都在使用的安卓手机软件也是用 Java 语言开发的。

（三）C#

C# 是一种精确、简单、类型安全、面向对象的语言。其是 .Net 的代表性语言。什么是 .Net 呢？按照微软总裁兼首席执行官 Steve Ballmer 把它定义为：.Net 代表一个集合，一个环境，它可以作为平台支持下一代 Internet 的可编程结构。

C# 的特点：

（1）完全面向对象。

（2）支持分布式。

（3）自动管理内存机制。

（4）安全性和可移植性。

（5）指针的受限使用。

（6）多线程。和 Java 类似，C# 可以由一个主进程分出多个执行小系统的多线程。

C# 是在 Java 流行起来后所诞生的一种新的程序开发语言。

三、如何选择编程语言

面对于形形色色的语言，对于初学者，都不知道如何去选择，经常听别人说，语言只是一种工具，会用就好，还有人说，学习一种语言，精通了，再学其他语言就非常容易了。的的确确，语言只是一种工具，就像在不同的场合穿不同的衣服一样，在不同的环境、做不同的项目、实现不同的功能时选择一种对的语言对软件开发者有很大的帮助，具体应选择什么样的语言要在软件的实际开发过程中做决定，像一些兴起的语言，比如 QML，XAML 语言，很多开发者都用它来写软件界面，以达到炫酷的效果，给使用者以较好的视听体验。

对于软件编程来说，选择软件开发语言尤其重要，选择正确的软件开发语言能够让你在软件开发过程中节省不必要的麻烦，提高软件开发效率和软件运行速度，并能够给用户带来良好的体验感和视听效果。

第二章　计算机软件开发

第一节　计算机软件开发的基础架构原理

随着经济的发展和科学技术水平的提高，计算机技术在我国社会的各个领域得到了广泛的应用，并为社会的发展进步带来了积极的促进作用。然而，计算机技术的发展与计算机软件的开发息息相关，可以说，计算机软件为计算机技术的使用奠定了一定的基础。因此，随着计算机技术的不断发展和普及，人们开始愈发关注起计算机软件开发来。在计算机软件开发过程中，基础架构原理发挥着极为重要的作用，因此，在基础架构原理理论方面研究的进步显然可以为计算机软件的开发带来积极的促进作用。本节围绕计算机软件开发的基础架构原理展开分析探讨，希望可以为丰富计算机软件开发的基础架构原理理论提供一定的借鉴思考作用，以便推动计算机软件开发工作的健康发展。

社会经济的发展为我国科学技术的发展提供一个可靠的物质发展基础，使得我国计算机软件技术得以迅速发展强大起来，并在我国社会的各个领域发挥重要作用，为我国社会发展进步做出了不小的贡献。而且，从世界范围来讲，计算机技术的诞生时间较晚，而我国也及时抓住了发展计算机技术的机遇，因此，我国的计算机软件技术水平上，基本上与其他国家的相差无二。但是，从计算机软件技术的长远发展来看，只有不断提升计算机软件的设计水平，才能不断为计算机软件的开发注入新的发展活力。而单纯依靠技术上的进步来解决这一问题显然是不够的，立足于计算机软件开发的基础架构原理也是十分关键的一点，从而通过科学合理的计算机软件开发的基础结构原理，为计算机软件设计在效率和性能上的提升带来积极的促进作用。

一、计算机软件开发概述

（一）计算机软件开发的概念性解读

在计算机并未产生的早期，其实是没有计算软件开发这个概念的，但是，随着晶体管的不断发展以及集成电路的广泛应用，为计算机的诞生奠定了良好的基础，随着计算机技术的应用范围的增大，计算机软件这个概念逐渐被重视起来。当前计算机软件的开发主要分为两个方向，即一个是先开发后寻市场，一个是先分析市场需求再进行开发。

（二）计算机软件开发的特点

计算机软件开发主要具有两个特点：一个是持续性；一个是针对性。因为计算机软件自身具有很大的提升空间，所以完美无缺的计算机软件是不存在的，这也是为什么计算机软件开发具有一定的持续性。而且，适应市场的需求和满足企业发展的各项需求，是当前计算机软件开发的一般性主导因素，因此，计算机软件在开发过程中针对性也十分突出。

二、计算机软件开发的基础架构原理分析

（一）基础架构的需求

在计算机软件开发的过程中，首先要做的同时也是极为关键的一步工作便是软件本身的需求进行分析。因为，受到企业经营项目、运营方式以及管理方式等因素的影响，用户在对计算机软件的设计需求上也会不尽相同。因此，在决定对一款计算机软件进行开发之前，做好充足的计算机软件设计需求分析工作十分的有必要。只有掌握了用户在软件上的需求方向，设计主体才有可能提高计算机软件在设计的针对性，使得软件在功能上可以更好地满足企业需求，同时也可以适应市场发展的需要。可以说，在计算机软件开发过程中，基础架构的需求分析，对于计算机软件设计的方向以及成功与否具有直接性的影响作用。

（二）基础架构的编写

在做好有关软件开发的需求方面的工作后，接下来要做的便是以最终决定的设计需求为依据，开展一系列的编写软件的工作。在当前使用的众多编程语言中，其中 C 语言的使用频率最高，这与其具有的突出的结构性、优秀的基础架构等特点密不可分，因为这些优越的特性，所以可以为设计主体在对后续的编程工作的处理上提供不少便利之处。而且，在软件实际编写过程中，其实是本着"分—总"的原则进行的，所谓"分"，即把基于计算机软件的结构的特性，将整体的计算机编写工作划分为几个模块，然后每个团队专门负责一个模块的程序编写工作。在所有的模块编写工作完成后，最后要做的工作便是所谓的"总"，即最后通过总函数，将这些分散的模块编写连接成软件功能的整体。这种编程原则，不仅可以确保计算机软件开发的治疗，还可以极大的提高计算机软件的编程工作效率，一举多得。

（三）基础架构的测试和维护

一般情况下，设计完成的计算机软件是不能立即投入实际使用的，因为，最初开发的计算机软件与原本的目标要求或许还存在一定差距。如果不经过相应的处理，就将设计好的计算机软件立即投入到使用中，不仅会对计算机软件本身造成很大的损害，而且，还可

能会给企业带来不小的损失，因此，对于软件的测试和维护工作也同样十分重要。在传统的测试方法中，一般是将几组确切的数据输入软件中，如果计算机软件得出的结果与预期已知的结果一致，那么计算机软件本身便没问题。但是，这种传统的测试方式存在一定的偶然性，因此，设计主体也设计了具有针对性的科学合理的测试计算机软件的专用软件，从而为计算机软件的合理性和正确性提供确切的保障。

随着社会的不断发展，对于计算机软件的各项功能也提出了更高的要求，为了紧跟时代发展潮流，同时也为了更好地服务于人民的社会生活，计算机软件的应用范围也在不断拓宽，与此同时，人们对计算机软件开发相关的内容投入的关注度也在与日俱增。在计算机软件开发过程中，基础架构原理发挥着至关重要的作用，是直接影响开发出来的计算机软件的一个非常重要的因素，因此，现实社会中对计算机软件开发的基础架构原理的探索与研究具有深远意义。基于此，本节也对计算机软件开发的基础架构原理展开了积极的探讨，在整体把握计算机软件开发的相关概念的基础上，从基础结构的需求、编写以及测试和维护方面对计算机软件开发的基础架构原理展开了详细的分析，希望可以为计算机软件开发工作的进行带来一定的借鉴和参考作用。

第二节　计算机软件开发与数据库管理

当前，网络逐步渗入人们的生活，计算机软件技术已经应用在许多领域，在社会发展进步中发挥着重要作用。而计算机软件是系统运作的核心，数据库管理是它的内在支持，只有极大程度上发挥二者的有利作用，才能够促进计算机的进步。本节从介绍计算机软件开发入手，详细介绍计算机软件开发和数据库管理中存在的问题，提出了相应的解决措施，以期为当前计算机行业提供帮助。

随着经济的发展，人们的工作学习生活越来越离不开计算机的帮助。计算机软件开发就是为了解决人们生活中的问题，使人们生活更加便利，工作更有效率。数据库管理作为计算机的内在核心，其运行效率也影响计算机作用的发挥。所以为了更好地促进社会发展、为人们生活提供便利，必须高度重视计算机软件开发以及数据库管理工作。

一、关于计算机软件技术的开发与设计

（一）计算机软件技术的开发

计算机软件开发主要包括两个方面：系统软件和应用软件。所谓系统软件其开发主要是为计算机与用户使用界面等相关软件，是为解决某些实际问题。比如计算机的操作系统进行更新等进行的开发工作，通过开发工作进行任务的配置，从而增强对数据库管理系统、操作系统的管理。应用软件是在系统配备完成后进行分段检验为用户的计算机设备提供更

多操作性软件。另外，对于计算机软件开发后要进行一定的评估，采用科学的手段，做好相关的质量把控工作，在试用无误后投入使用。

（二）计算机软件技术的设计

1. 软件程序的设计与编写

计算机软件开发首先是进行软件设计，这也是整个过程最基本的环节，软件设计的水平直接影响软件的应用程度。软件设计环节通常包括了功能设计、总体结构设计、模块设计等。在设计软件过程完成之后便要进行程序的编写。编写工作要依据完成的软件设计结果进行，这也是计算机软件开发过程中的重要环节，编码程序的顺利完成取决于科技水平、工作人员的专业水平等多种因素，其过程的完善有助于提高工作效率。

2. 软件系统的测试

在编程工作完成后，不能立即投入运用，还需要对软件进行测试，将编写程序试用与部分用户，然后评定每个用户的满意度，这样整个软件设计完成。然而，这并不代表软件开发的彻底完成，投入的软件还需要根据市场客户情况不断升级更新，只有这样才能进一步保证软件的有效运行。

（三）计算机软件开发的真正价值

在软件开发过程中，计算机软件价值的实现要求在计算机软件的开发期间已掌握的要求和问题为导向，将所需的分析问题放在开发软件的最前面，符合最初设计的需求。所以，对计算机软件开发来讲，首先做到准确无误的需求分析，能够满足大众需求，为广大用户提供服务，只有被广大人民群众认可的软件，才能实现其真正价值。而不符合有需求的软件系统，即便科技人员研发出来也没有使用价值，并且损害社会人力物力财力。此外，还必须尽可能确保软件开发过程中的专业化和流水线作业，确保其拥有足够的软件基础、硬件基础和技术支持，能够辅助开发者完成软件开发，为软件的开发项目提供一定的物质保证和技术条件，确保其财政方面的充足以及优良的外界环境，从而实现软件开发的使用价值，最大限度地体现出软件开发的效益。而数据库管理作为软件开发的核心环节，只有开发出的软件有价值，数据库的管理才能实现其价值。

二、关于数据库的管理

随着科技应用的普遍化，用户对软件系统的需求也不断提高，这便体现软件的更新与创新，当前软件的产品已满足客户的需求为导向，市场品种不断增多，已经从原来的单层结构走向多层次发展。但是，产品增多的同时用户也对软件系统的存储安全分析等提出了更高的要求，因此，数据库系统的成功建立为计算机的安全提供了保障。

（一）数据库管理的概念及应用技术

数据库管理是计算机系统中一个重要部分，数据库管理主要是指在数据库运行过程中，确保其正常运行。它的内容主要包括：第一，数据库可以对各部分数据进行重新构建、调试，并且根据总系统服务中心所要求的内容重新归类，并按照其属性重新整合数据，还可以将它们重新打乱，进行数据重组；第二，数据库可以识别数据的正确性，并根据错误数据查找原因，并及时做出修正，还可以将信息进行汇总，将容易出现问题的部分进行备份；第三，数据库的综合性能很强，它可以以企业或者部门为选择的单位，然后对其数据为中心形成数据组织。以数据模型为主要形式，在可以描述数据本身的特性之外，还可以科学描述数据之间的联系；第四，由于不同的用户有不同的处理要求，数据库能够根据用户所需从中选取需要的数据，从而避免数据的重复存储，也便于维护数据的一致性。总之数据库统一的管理方式，不仅提高了工作效率，也保证了数据的安全可靠。

（二）计算机软件开发中数据库管理中存在的问题

数据库管理对于计算机软件开发的重要性不言而喻。但是数据库管理并不是十全十美的，其运行过程中也会产生相应的问题。一般而言，计算机软件开发中数据库管理中存在的问题有以下几个方面：首先，管理人员操作不当。在软件开发中有些管理人员自身专业知识欠缺，又急于求成，数据难免出现问题。以及开发过程中，有些数据库管理人员不能严格遵循操作规程和数据库方法，会造成不同程度的数据安全以及泄漏问题，影响数据库的正常稳定运行。其次，操作系统中存在的问题。在系统操作过程中，其本身就存在着一些风险来源，比如，用户的不当操作，可能会造成计算机感染大量的病毒，造成木马程序的入侵，如果在操作过程中，这些病毒一起发作就会直接影响数据库的运行，再加上一些别有用心人的访问，影响了数据库信息的安全，造成了一些重要信息的外泄。第三，数据库系统出现问题。其一定程度上阻碍了计算机系统的正常工作。比如，网络信息安全的问题，其问题原因是数据库管理不当。

（三）解决计算机软件开发中数据库管理问题的对策

针对数据库管理产生的问题，必须做好数据库的安全管理工作。网络应用逐渐普及的同时也产生了一些负面影响，社会的一些不法分子为谋取暴利，利用掌握的网络技术，窃取用户重要信息，给用户带来了经济损失等事件频繁发生，加强数据安全工作势在必行，首先，用户可使用加密技术，加强对重要信息的加密处理工作，充分保护数据。同时也要做好数据库信息可靠性和安全性的维护工作，在加强人们数据安全意识教育的同时，社会努力做好数据的安全维护，对重要的数据库信息进行定时的备份，以免数据丢失或者出现故障，对用户造成不必要的损失。其次，要进一步加强管理访问权。在访问权方面，需要高度重视储存内容的访问权限问题。要想对用户实现实时动态的管理，后台管理员必须做到能够随时调动访问权限。最后，要采取各种防护手段来保证系统的安全性，还要保证系统的维护管理保持在一个较高的水平。数据库的数据整合能力以及维护能力直接决定了维护水平的高低。从技术层面，尽可能配备先进的具备较高安全性的防护系统。从人员上，必须配备具备较高技术水平的数据库管理和维护人员。

综上所述，针对计算机软件技术在社会发展中的重大作用，我们必须做好计算机软件技术的开发与设计，真正体现我国科技发展的优越性，进一步促进计算机软件技术的发展，为我国科技进步做出贡献。

第三节　不同编程语言对计算机软件开发的影响

科技进步带动了计算机发展的步伐，随着计算机的普及，软件开发的与时俱进推动了编程语言种类的多元发展。软件开发人员在选择编程语言时，需围绕内外部环境结合、结合行业特征、结合整体结构特征等原则，确保编程语言的优势、软件开发人员的技术专业性得以充分发挥，提升软件开发效率的同时，确保计算机软件性能优良，从而提高更多市场占有率。

编程语言在计算机软件开发中起着关键作用，不同的编程语言优势不同，适用范围也存在局限性，其属性语言种类等直接决定计算机软件开发效率与产品品质。为减少各种编程语言对计算机软件开发的负面影响，开发技术人员必须深入了解各编程语言在软件开发中的作用与适用范围，并针对性应用，实现计算机软件产品质的飞跃。

一、计算机应用软件开发中常见的编程语言

（一）C 语言

C 语言是计算机软件开发应用的主流编程语言，应用价值较高。在软件开发环节，无须计算机功能辅助 C 语言开发设计，设计语言完善，可为操作系统开发针对性的应用软件。

（二）C++ 语言

C++ 语言不仅具备 C 语言的功能、特征，同时比 C 语言适用性强，且应用范围更广，甚至可在多个操作系统中编制，符合现代软件开发的语言需求。作为 C 语言的继承，可展开 C 语言程序设计，又可以面向抽象数据类型对象的程序设计，还可以面向继承、多态特点对象的程序设计。与此同时，C++ 的编制也比 C 语言复杂，对开发人员的专业水平要求高，唯有深入掌握其应用规范后，才能充分发挥 C++ 语言的作用。

（三）Java 语言与 C#

Java 是基于 C 语言吸纳 C++ 语言功能、优势的动态语言，弥补了 C++ 的不足，复杂程序开发思路得以简化，同时也是具备跨平台、面向对象等优势的语言，广泛应用于桌面、

网络等应用程序开发。C# 主要应用于高级商业软件开发，具有安全稳定、简单优雅等优势特征，基于 C 语言、C++ 语言衍生的语言，具备基础编程语言的优势，同时去除了基础编程语言的烦琐性。

（四）Pascal 语言

Pascal 语言相对烦琐，但较高的运行效率，较强的纠错能力不可小觑，数据类型丰富，且结构形式严格。Pascal 语言计算机通用的高级程序设计语言，也是自编译语言、结构化编程语言，能够描述复杂数据结构、算法，可靠性显著提升。

（五）Visual Basic

VB 是现代计算机程序设计语言，借助 GUI、RAD 系统，通过 DAO、RDO 等连接数据库构建 Active X 控件，实现面向对象的应用程序设计。具有可视化设计平台、事件驱动编程机制、结构化程序设计语言、数据库功能、Active X 技术等语言特色。

二、编程语言在计算机软件开发中的应用原则

（一）综合内外部环境

开发计算机应用软件时应注重外部硬件设施，确保软件开发的物质基础。程序编制语言选择尤为关键，充分考虑整体结构、环境要求、编程语言特点合力应用。并围绕行业、领域特征，以及工作要求选择编程语言，确保其匹配优良程度，减少硬件更换对软件应用的影响。为扩大软件的实用性，需围绕环境要求、时代发展对软件开发要求等选择语言。

（二）综合应用领域及行业特点

围绕软件应用的领域或行业特征选择编程语言，C 语言、C++ 语言适用于简单软件编写，Java 语言、Pascal 语言适用于复杂软件编写，如通信领域适用于 C++ 语言编写，商业领域适应于 Java 语言、Proloc 语言等编写，尽量减少编程语言对不同领域行业软件应用的负面影响。

（三）综合整体结构特征

围绕项目目标编程语言编写软件，整体结构对各类编程语言的转换便携制度不同，可围绕软件功能合理编写。综合分析信号处理、图像处理等确保软件编写为静态语言。

（四）根据个人专长选择

编程语言众多角度，且优势不同，为确保软件开发、后期维护效率，尽量选择符合个人专长的语言设计软件，节省工作量、精力的同时，可对开发周期、完成时间明确预算。软件编写中可根据以往经验规避漏洞隐患，提高软件应用的稳定性与安全程度。

三、编程语言对计算机软件开发的影响

（一）C 语言影响

C 语言是最早软件开发设计的编程语言，程序员普遍对 C 语言了解，但随着软件开发要求的增加，目前 C 语言编写的软件微乎其微，与 C 语言局限性影响有关。C 语言是一种面向过程的程序设计的编程语言，利用其编写软件，需细分算法设计环节的事件步骤，计算机软件功能的越发烦琐，软件功能实现就会面临着复杂的语言编写功能，在加之事件步骤细分，工程量庞大，开发难度直接扩大。

（二）C++ 语言影响

C++ 语言比 C 语言适用范围广，软件功能实现的程序编写过程更加简化。但是在现代化的计算机软件开发中，C++ 语言也具有与 C 语言一般的影响，介于计算机软件开发花费的时间长，通常由多人协作完成，模块化程序间的联系程度、兼容性，直接决定了软件开发的效率与质量。

（三）Java 语言影响

Java 语言编写软件程序比 C 语言、C++ 语言更加简捷，软件功能实现效果相对理想，但 Java 语言在软件开发中也存在局限性。Java 语言可轻松制作基础图形渲染效果，但高级图形渲染制作实现效果不理想。同时计算机部分软件、Java 语言间存在冲突，基于此利用 Java 语言编写软件程序，难免会对软件开发产生不同程序的负面影响。

（四）Basic 影响

当前的 Basic 语言已经不是主流，掌握 Basic 语言的人数逐渐下降，但 Basic 版本在不断拓展，如 PureBasic、PowerBasic 等，且 Basic 语言在各应用行业、领域的作用不可忽视，如 Synlbian 平台的应用等，趋势不可逆转，Basic 语言对计算机软件开发的影响虽然逐渐减少，因为 Basic 语言制作的软件并不多，但计算机软件对 Basic 语言的应用需求从未降低。

（五）Pascal 影响

纯 Pascal 语言编写的软件微乎其微，应用范围越发狭窄，如 Pascal 编写的苹果操作系统，但已经逐渐被基于 Mac OS X 的面向对象的开发平台的 Objective-C、Java 语言代替。Delphi 在国内电子政府方面操作系统有着广泛应用，如短信收发、机场监控等系统。最大的影响是轻松描述数据结构、算法，同时培养独特的设计风格。

应用于计算机软件开发的编程语言种类多样，不同编程语言对计算机软件开发的影响主要体现在对软件整体规划、软件开发者专业技能、软件开发平台适用、用户使用软件兼容性等方面的影响，对此在选择语言时需注意整体内外环境、应用的行业及领域等方面问

题，确保软件的实用性。

第四节　计算机软件开发中软件质量的影响因素

伴随社会经济的飞速发展，计算机软件在诸多行业领域得到广泛推广，人们对计算机软件的运行速度、实用性等也提出了越来越高的要求。文章通过分析计算机软件开发中软件质量的影响因素，对计算机软件开发中软件质量影响因素的应对提出"加大计算机软件开发管理力度""严格排查计算机软件代码问题""提高软件开发人员的专业素质"等等策略，旨在为研究如何促进计算机软件开发的有序开展提供一些思路。

计算机已经进入人类生产生活的各个领域，计算机软件作为人与硬件之间的连接枢纽，同样随着计算机进入人类生产生活的方方面面。计算机软件的发展历程，某种程度上即为信息产业的发展历程。计算机软件的不断发展，提高了社会生产力，改善了人们的生活水平，增强了现代社会的竞争。在计算机软件开发过程中，务必要充分掌握影响软件开发质量的因素，并结合各项因素采取有效的应对策略，真正意义上提高计算机软件开发质量。

一、计算机软件开发中软件质量的影响因素

现阶段，计算机软件开发中软件质量的影响因素，主要包括有：

（一）计算机软件开发人员缺乏对用户实际需求的有效认识，使得软件质量受到影响

要想确保计算机软件开发质量，首先要充分掌握用户对计算机软件的实际需求，不然便会使计算机软件质量遭受影响，进而也难以满足用户对软件提出的使用需求。出现这一情况的主要原因在于，在计算机软件最初开发阶段，开发人员未有与计算机软件用户进行有效交流沟通。因而唯有于此环节提高重视，并在计算机软件开发期间及时有效调试计算机软件，方可切实满足用户在软件质量上的需求。

（二）计算机软件开发规范不合理

计算机软件开发是一项复杂的系统工程，而在实际软件开发过程中，却存在诸多情况没有依据相关规范进行开发，使得原本需要投入大量时间才能完成的开发工作却仅用小部分时间便完成了，使得计算机软件开发质量难以得到有效保证。

（三）计算机软件开发人员专业素质不足

计算机软件开发质量受软件开发人员专业素质很大程度影响。在计算机软件开发过程中，开发人员可能受各式各样因素影响而脱离岗位，相关调查统计显示，软件开发行业存

在较大的人员流动性，该种人员流动势必会使得软件开发受阻，对软件质量造成不利影响。虽然在软件开发人员离开岗位后可迅速找到候补人员，然后要想其融入进软件开发团队必须要花费一定时间，由此便为软件开发造成进一步影响。此外，软件开发人员还应当具备较高的专业素质。伴随计算机软件行业的不断发展，从业人员不断增多，然而整体开发人员专业素质还有待提高。

二、计算机软件开发中软件质量影响因素的应对策略

（一）加大计算机软件开发管理力度

在计算机软件开发前，明确及全面分析用户实际需求至关重要。软件开发人员应当从不同方面、不同角度与用户开展沟通交流，依托与用户的有效交流可了解到用户的切实需求，进而在软件开发初期便实现对用户需求的有效掌握，为软件开发奠定有力基础。在计算机软件开发过程中，倘若出现因为开发前期沟通不全面或后期用户需求发生转变等情况，则应当借助止损机制、缺陷管理对软件开发工序、内容等进行调整。除此之外，对用户需求开展分析，按照需求的差异，可做不同分类，进而进行逐一满足，逐一修改。应当真正意义上实现对用户需求的有效分析，并结合用户需求建立配套方案，并且要提高根据用户需求转变而实时动态调整方案的能力，如此方可为计算机软件开发提供可靠的质量保障。

（二）严格排查计算机软件代码问题

通常情况下，计算机软件引发质量问题后，往往与软件代码存在极大的关联，因而要想保证计算机软件开发质量，就应当提高对代码问题处理的有效重视，由此要求软件开发人员在日常工作中应当严格对计算机软件代码进行排查，并提高自身的有效意识，进而在保证软件代码正确的基础上进行后面的开发工序，切实保证计算机软件开发的质量。通过对软件代码问题的严格排查，软件开发人员找出代码问题、确保软件质量的同时，还有助于软件开发人员形成严谨的思维方式，养成良好的工作习惯，提高对技术模块内涵的有效认识，提高计算机软件开发质量、效率。

（三）提高软件开发人员的专业素质

高素质的开发团队可确保开发出高质量的产品，同时可确保企业的效益及企业的形象。所以，软件开发人员务必要提高思想认识，加强对行业前沿知识、领先经验的有效学习，对自身现有的各项知识、工具予以有效创新，保持良好的工作态度，全省心投入到计算机软件开发中，为企业创造效益。对于企业而言，同样确保软件开发人员的薪酬待遇，确保他们的相关需求得到有效的满足，并不断对软件开发人员开展全面系统的培训教育，如此方可把握住人才，发展人才，方可推动企业的不断发展。

总而言之，在计算机软件实际开发中，软件质量受诸多因素影响，应对这些影响因素，

要求企业与软件开发人员共同努力。因而，不论是计算机软件开发企业还是计算机软件开发人员均应当不断革新自身思想理念，加强对计算机软件开发中软件质量影响因素的深入分析，"加大计算机软件开发管理力度""严格排查计算机软件代码问题""提高软件开发人员的专业素质"等，积极促进计算机软件开发的顺利进行。

第五节　计算机软件开发信息管理系统的实现方式

文章首先对计算机软件开发信息管理系统的设计要点进行分析，在此基础上对计算机软件开发信息管理系统的实现方式进行论述。期望通过本节的研究能够对计算机软件开发信息管理水平的提升有所帮助。

一、计算机软件开发信息管理系统的设计要点

在计算机软件开发信息管理系统（以下简称本系统）的设计中，相关模块的设计是重点，具体包括如下模块：信息显示与查询、业务需求信息管理、技术需求信息管理以及相关信息管理。下面分别对上述模块的设计进行分析。

（一）信息显示与查询模块的设计

该模块的主要功能是将本系统中所有的软件开发信息全部显示在同一个界面之上，界面的信息列表中包含了如下公共字段：信息标号、名称、种类等，对列表的显示方法有以下两种：一种是平级显示；另一种是多层显示。

1. 平级显示

该显示模式能够将本系统中所有的软件开发信息集中显示在同一个列表当中。

2. 多层显示

这种显示模式能够展现出本系统中所有信息主与子的树状关系，并以根节点作为起步点，对本系统中含有的信息进行逐级显示。

上述两种显示模式除了能够相互切换之外，还能通过同一个查询面板进行查询，并按照面板中设置的字段，查询到相应的结果。除此之外，在第一种显示模式的查询中，有一个需求信息的显示选项，用户可以按照自己的实际需要进行设置，如只显示技术需求或是只显示业务需求，该功能的加入可以帮助用户对本系统进行更为方便地使用。对软件开发信息的查询则可分为两种方式：一种是基本；另一种是高级，前者可通过关键字对软件开发信息进行查询，后者则可通过多个字段的约束条件完成对软件开发信息的查询。

（二）业务需求信息管理模块的设计

这是本系统中较为重要的一个模块，具体可将其分为以下几个部分：

1. 基本信息

该部分为业务需求的基本属性，如名称、ID、所属、负责人、设计者、等等。

2. 工作量

该部分除了包括预计和完成的工作量的计算之外，还包含各类工作量的具体分配情况。

3. 附件

该部分是与业务需求有关的信息，如文档、图片等，用户可对附件进行上传和下载操作，列表中需要对附件的描述进行显示，具体包括上传时间、状态等信息。

4. 日志

自信息创建以后，对它的每次改动都是一条日志，在相关列表当中，可显示出业务需求的全部更改日志，其中包含如下信息：日志的 ID、更改时间、操作者等。

对于同一个项目而言，业务需求是按照优先级进行排序的，业务需求的优先级越高，排列的就越靠前，反之则越靠后，对优先级的排序值，会记录到技术需求上。系统以平级显示业务需求时，可同时选择多个，并对其进行批量修改，由此提高了用户的编辑效率，这是该模块最为突出的特点。

（三）技术需求信息管理模块的设计

该模块与业务需求信息管理模块都是本系统的重要组成部分，大体上可将之分为以下几个部分：

1. 基本信息

与业务需求信息类似，该部分是技术需求的基本属性，如名称、ID、开发者、开发周期、预计与实际工作量等。

2. 匹配业务需求

该部分具体是指技术需求所配备的业务需求，在列表中包括以下几个字段：匹配的名称、ID、项目和优先级。

3. 附件与日志

这两个部分的内容与业务需求信息相同，在此不进行复述。

（四）相关信息管理模块的设计

这里所指的相关信息主要包括版本信息、产品及其领域、项目信息。其中版本信息包括如下内容：名称、起止时间、开发周期等。在该管理模块中，设置版本的相关信息后，本系统会自行将该版本的开发时间按周期长度进行具体划分，并在完成维护后，技术需求开发周期下的菜单会将该版本的开发周期作为候选的内容；项目信息中含有一个工作量字段，其下全部信息的工作量之和不得大于分配的工作量。

二、计算机软件开发信息管理系统的实现方式

上文对本系统中的关键模块进行了设计，下面重点对这些模块的实现方式进行论述。

（一）系统关键模块的实现

1. 显示与查询模块的实现方法

本系统中所包含的信息类型有以下几种：业务需求、技术需求、项目、产品及其领域、发布版本，上述几种信息的关系为主与子。本系统中信息的显示方式有两种：即平级和多层。在平级显示模式中，用户能够利用 ID Path 列找到信息在主子关系树中的路径，当用户点击 Show Ghildren 后，可对所选信息的自信息进行查看。平级与多层显示之间能够相互切换，当显示界面为平级时，单击 Hierarchical，便可将显示模式切换至多层，如果想切换回来，只需要单击 Plat List 即可。在本系统中信息的查询分为两种形式：一种是基本查询；另一种是高级查询，前者的查询方法如下：下拉菜单 Show，此时会显示出可供选择的项目，如 Show all、Show requirement 以及 Show work package。当用户需要进行高级查询时，可在基本查询面板中单击 Advance 链接，查询过程中用户只需要输入多个字段，便可对系统中的信息进行查询。

2. 业务需求信息模块的实现方式

由上文可知，该模块分为四个部分，即基本信息、工作量、附件和日志。在基本信息中，ID 为必填项，新建的业务需求在保存后，系统会对其进行自动填写，业务需求的创建人及信息的创建时间等内容，也是在保存后由系统自动进行填写，这部分内容不可以直接进行修改；可将附件视作为与业务需求相对应的技术文档，用户在附件管理界面中，可填入相关的信息，如附件状态、完整时间等，然后点击附件列表中的链接，便可对附件进行下载操作。若是需要对附件链接进行修改，用户只要选择列表中的一条记录，并在下方的文本框内输入便可完成对附件链接的修改。对业务需求信息进行修改后，系统会自行生成一条与之相关的日志。

3. 技术需求信息模块的实现方式

该模块中基本信息、附件、日志等业务的实现过程基本与业务需求信息模块的实现过程类似，在此不进行重复介绍。与业务需求相比，技术需求多了一个匹配部分，用户可在该部分中直接添加所匹配的业务需求，即同个领域或同个项目。该模块的优先级信息将会自动从匹配的业务需求中获取。

4. 相关信息模块的实现方式

（1）版本信息管理的实现。用户可在该界面中，对如下内容进行设置：版本开发周期长度、开发起止日期。当用户单击 Auto-fi ll Talk 按钮后，系统会按照用户预先设定好的内容，对版本开发时间进行自动划分。同时用户也可手动对开发周期进行添加或删除。

（2）产品及其领域信息管理。可将产品领域设定为子领域，并在对技术需求信息进行管理时，将领域信息作为候选对象。

（3）项目信息管理。可填入带有具体单位的工作量，如每人／每天，并以此作为项目的大小，设置完毕后，该项目下所有任务的工作量之和，不可以超过项目的总工作量。

（二）系统测试

为对本系统进行测试，将之嵌入到助力企业发展产品中，作为该产品的一个扩展模块。本系统的测试工作在集成测试完成后，根据设计需求，对系统进行相应测试，主要目的是通过测试检查程序中存在的错误，分析原因，加以改进，借此来提升系统的可靠性。具体的测试如下：

1. 功能测试

该测试只针对系统的功能，测试过程中不考虑软件的结构和代码，测试过程以界面及架构作为立足点，根据系统的设计需求，对测试用例进行编写，借此来对某种产品的特性及可操作性进行测试，确定其是否与要求相符。

2. 性能测试

该测试的主要目的是验证软件系统是否符合用户提出的使用要求，并通过测试找出软件中存在的不足和缺陷，同时找出可扩展点，对系统进行优化改进。

3. 安全测试

具体是指在对系统进行测试的过程中，检查其对非法入侵的防范能力。

由测试结果可知，本系统的兼容性、易用性和可扩展性基本符合要求；系统的操作简单、使用方便，可对软件信息进行有效的管理，本系统的设计达到了预定的目标。

综上所述，随着计算机网络的广泛普及，推动了计算机软件开发领域的发展，为进一步提升计算机软件开发的管理水平，本节提出相关的信息管理系统，并对该系统的设计与实现方式进行论述，最后对设计的系统进行测试，结果表明，该系统达到了预定的目标。

第六节　基于多领域应用的计算机软件开发

计算机软件开发，是现代社会发展的主要动力，新型计算机软件开发综合应用，在社会经济发展、内部管理、社会医疗等方面都有直接的应用，结合现代计算机软件开发实践，对现代社会发展中的计算机软件开发时实践进行探究。

随着现代社会经济发展水平逐步提升，社会科学技术实现综合性拓展，一方面，数字化系统逐步研发，依托计算机数据平台建立的大数据处理结构得到拓展；另一方面，数字化应用范围逐步扩大，在社会医疗、建筑等方面的应用领域更加广阔，实现了社会资源综合探索。

一、计算机软件开发实践研究的意义

计算机软件开发是社会资源综合拓展的重要需求，对计算机软件开发实践分析，有助于在计算机系统实践中，弥补系统开发的不足，推挤大数据网络平台的资源应用、管理结构更加完善，也是推进现代社会发展动力的主要渠道；从社会资源管理角度分析，计算机软件开发为社会发展带来间接的财富，对计算机软件开发实践研究，也是社会资源积累的有效途径。

二、计算机软件开发实践核心

计算机软件开发实践的核心是计算机系统网络完善的过程。一方面，计算机软件开发实践中，计算机系统资源达到系统各个部分更加完善，例如：计算机软件在现代室内设计中 CAD 技术的应用，软件开发将二维平面图形，通过计算机虚拟平台，建立三维空间图，CAD 软件可以随着室内设计的需求，随时进行室内设计数据、高度、方向进行灵活调整，系统自动进行新设计信息的智能化存储，满足了现代社会室内设计结构调整的需求，实现了现代计算机系统开发资源各部分的多样性开发；另一方面，计算机软件开发实践核心，是计算机软件开发系统随着社会发展进行软件更新，满足现代社会发展需求，例如：计算机软件在现代企业内部管理中的应用，人力资源系统，绩效考核能够依旧人力资源数据库中的信息，实现人才绩效考核信息的及时更新，为企业人才管理提供权威的信息管理需求。基于以上对计算机软件开发实践的分析，将计算机软件开发实践核心概括为实用性和创新性两方面，现代计算机系统开发，正是基于这两点要求的基础上，实现计算机软件多领域应用。

三、基于多领域应用的计算机软件开发实践探析

企业软件开发计算机软件开发现代数字化平台适应社会发展的必然性选择，现代计算机软件不仅保留了计算机系统中的程序计算流程，同时也借助云数据虚拟平台，建立其财务运算结构，这种智能化计算机系统，将企业内部控制信息综合为一个管理系统中，企业财务管理不仅可以对内部经生产、经营、销售等经济运行情况进行实况分析，同时系统集合企业固定资产、流动资产、股票、债资本周期循环的相关信息，进行综合管理，新型计算机财务控制软件开发，为现代企业内部控制，财务管理带来更加系统的经济管理需求。例如：某企业应用新型财务管理软件进行内部控制的主要措施，系统依旧该企业经济发展情况，为企业制定完善的经济投资规划，并做好企业金融运行风险对策，为现代企业发展带来更加稳妥的经济发展保障；计算机软件开发在现代企管发展中的应用，也是企业人力资源管理的主要形式，现代企业的人才需求逐步向着多元化方向发展，传统的人力资源管

理已经无法满足企业人才培养系统性、多样性的管理需求，新型计算机系统依旧企业人才需求，形成独特人才培养计划，同时配合现代企业绩效考核，及时进行企业人才需求的调整，科学公平的人力资源管理，实现了企业人才个人价值与企业发展相适应，为现代企业发展、内部资源综合配置提供人才供应保障。

（一）现代互联网平台的应用

计算机软件开发，在推挤社会经济发展中也发挥着重要作用，现代计算机软件开发，也在现代互联网平台的自身发展中带来更加广阔的上升空间。最常见的计算机软件开发实践为多种手机客户端，计算机软件将巨大的网络运行拆分为多个单一的、小规模的运行系统，用户可以依据需求进行系统更新，保障了计算机软件应用范围扩大，软件系统的应用选择空间增多，例如：淘宝，携程手机客户端等形式，都是计算机系统自动化开发的直接体现；另一方面，计算机系统软件开发与更新，也体现在互联网平台内部管理系统逐步优化，传统的计算机系统安装主要依靠外部驱动系统进行系统开发，计算机系统自身无法进行自动更新，现代软件开发在系统程序中安装自动检验命令，当计算机系统检验发现新系统，自动执行更新命令，保障计算机系统可以实施系统自动更新，计算机软件系统开发，推进现代计算机各部分结构也发生直接更新，适应现代社会计算机实际软件应用的需求。

（二）医疗技术的开发

计算机软件开发，为社会信息存储和应用提供了更加灵活的应用平台，在现代医疗卫生领域的应用最为明显，医疗卫生事业的信息总量大，同时信息资源保留时间具有不确定性特征，现代计算机软件开发信息管理，实现信息资源存储短时记忆和长期记忆两种形式，短时记忆的信息存储时间设定为 5 年，即如果病人到医院就诊，完成一次病人信息数据输送，医院信息存储的数据系统自动保存五年；而长期信息记忆，是针对医疗中特殊案例，需要长期进行资料保存，医护工作者将这一部分信息转换为长期存储，计算机软件将这部分信息上传到云空间中，达到对医疗信息的长期存储，为现代医疗信息存贮带来了有力的信息应用保障；另一方面，计算机系统开发在医疗事业中的应用，在于现代医疗技术中的综合应用，例如：磁共振，加强磁共振等技术的应用，依据计算机系统软件开发的进一步实践，实现现代医疗技术的诊断准确性大大提高。

（三）城市规划技术的发展

计算机软件开发实践，是现代社会发展的技术新动力，为现代社会整体规划带来全面的指导，计算机软件开发在现代城市规划中的应用，实现现代计算机新技术应用范围更广泛，计算机系统中的城市开发规划，应用计算机系统建立城市规划设计平面图，实现现代城市规划中道路、建筑、桥梁以及河道等多方面设计之间的综合规划，计算机软件建立的虚拟模型，可以保障计算机系统在城市整体发展中的应用，合理调节城市规划中各部分所占的比重，为现代城市建设提供了全面性系统性保障，从而合理优化现代城市系统资源综合应用；另一方面，计算机软件开发系统在现代城市规划中的应用，体现在计算机软件开发在城市建筑中的融合，例如：现代城市建筑中应用 BIM 技术实行建筑系统的整体优化，BIM 技术可以实现系统资源综合应用，设计师可以通过建筑模型，分析建筑工程开展中的建筑结构更加完善，保障城市建筑结构体系具有更可靠地建筑施工模型。计算机软件开发在现代城市规划中的应用，可以将平面设计模型转化为立体建筑模型，实现现代系统综合化拓展，也为城市建设结构优化发展带来技术保障。

（四）室内设计的应用

计算机软件开发多领域应用，在室内设计中的应用，为室内设计带来更加有力的系统保障，计算机软件开发的室内设计软件，主要实施 CAD 和 PS 处理系统等方面的计算机系统进行综合开发，可以进行室内设计的空间模拟规划；同时，CAD 和 PS 软件都可以实现室内设计图的逐步扩大，可以使室内设计的精细化处理，实现现代室内设计结构逐步优化，保障室内设计空间规划的紧凑性和美观性的综合统一，为现代室内设计系统的资源管理带来了更专业的技术保障。

此外，计算机软件开发是在现代社会中的应用，也体现在社会传媒广告设计中，例如：PS 技术是现代平面传媒设计常见的计算机软件，通过 PS 技术，可以达到对平面设计中色彩，图像，清晰度等方面进行多方面的调整，实现现代图像处理系统的资源综合开发与应用，美化平面图形设计的应用需求，使平面设计的设计艺术性和审美价值更加直接地体现出来。

计算机软件开发是现代社会发展的主要发展动力，结合现代医疗、企业管理、城市规划、互联网以及平面设计等领域，对现代计算机软件开发带来了更实用和快速的资源应用保障，推进现代社会进步与发展。

第七节　计算机软件开发工程中的维护

随着科学技术的不断发展和进步，近年来，我国计算机技术得到了飞速的发展，计算机技术在各行各业以及人们的生活中都发挥着重要的作用，其为人们的生活、生产、工作带来了巨大的便利和高效。在计算机技术应用过程中必然会用到相应的计算机软件，因此，为了更好地保证计算机技术应用的质量和效率，就必须注重计算机软件开发工程的维护。本节就对计算机软件开发工程的维护进行深入的分析，希望能够为相关工作者提供一些帮助和建议。

随着社会经济的快速发展，我们已经逐渐步入了信息化时代，在信息化时代下，我们的生活、生产模式都发生了巨大的改变，比如在计算机技术的不断进步和发展下，其为人们的生活带来了巨大的便利。现如今，计算机技术已经被广泛地应用在各行各业中，并且发挥着尤为重要的作用。计算机技术的运用更多的是依靠其软件的支持，因此，想要保证计算机的使用性能和工作效率，就必须保证计算机软件的质量和可靠性。就目前来看，计算机软件越来越多样化，其在为人们提供便利的同时，也为计算机增加了诸多危险因素，比如病毒、黑客等这些问题就会给计算机用户带来较大的影响，甚至造成严重的后果。对此，就需要加强计算机软件开发工程的维护工作，通过科学有效的维护来保证计算机软件的安全性、可靠性，进而为计算机的安全有效运行提供保障。

一、计算机软件开发工程维护的重要意义

软件是计算机技术发展过程中的直接产物，软件与计算机之间有着紧密的联系，在软件的支撑下计算机的相应功能才能够得到提高体现，所以软件是计算机功能发挥的载体所在。传统的计算机在语言方面存在较大的限制，而通过计算机软件就可以实现人与计算机的交流和互动。由此可见，软件的产生直接影响了计算机功能的发挥。而一旦计算机软件出现问题和纰漏，那么自然会影响到计算机的正常运行。因此，为了保证计算机运行质量和性能，就必须加强计算机软件开发工程的维护。首先，计算机软件开发工程的维护是确保用户工作顺利的重要保障。现如今计算机已经被广泛地应用于各行各业中，而计算机的应用离不开软件的协助，所以在计算机广泛应用的背景下，各种各样的软件也层出不穷。而通过对计算机软件工程进行合理的管理、维护，就可以避免故障的发生，从而有效促进用户工作的顺利开展。其次，计算机软件开发工程的维护是促进软件更新及开发的重要动力。在计算机软件工程维护过程中，工程师可以及时发现计算机软件存在的问题和不足，进而更好地对计算机软件进行针对性的优化和升级，这样一来就在很大程度上为促进软件更新及开发提供了动力。最后，通过对计算机软件工程进行维护，还可以在一定程度上提高个人计算机水平。由此可见，计算机软件开发工程的维护具有尤为重要的意义和作用。

随着计算机技术的不断发展和进步，计算机的应用也越来越广泛和深入，在此背景下，软件开发工程就面临着一定的挑战。现如今，人们对计算机的要求越来越高，比如在计算机功能、质量、费用等方面都有了较高的需求，因此，为了更好地满足用户需求，多种多样的计算机软件就被开发出来。多样化的计算机软件虽然能够满足人们对计算机不同的需求，但是这也在很大程度上提高了计算机开发工程的维护难度。用户需求的不断提高增加了计算机软件工程的开发难度，再加上人们对计算机软件需求在不断地变化，从而在很大程度上提高了计算机软件工程的运营维护难度。比如在计算机运行过程中，常常会出现病毒、木马、黑客等问题，而这些问题的很大一部分原因都与软件开发工程的维护不当有关。软件开发工程的维护与计算机的安全性和可靠性有着直接的关系，当软件开发工程无法得到有效的维护时，那么就会对计算机的正常安全运行构成威胁。

二、计算机软件开发工程的维护措施

（一）提高计算机软件工程实际质量

软件工程在实际运行过程中，其自身的质量与软件运行的质量和效率有着直接的关系，因此，想要保证计算机的正常稳定运行，提高计算机软件工程的实际质量是尤为关键的内容。只有提高了软件工程的实际质量，才能够避免软件工程出现问题和纰漏，进而有效降低软件工程的运行成本以及维护成本。加强计算机软件工程的实际质量可以从两个方面入手，首先，重视组织机构的管理。作为管理人员需要重视对各类工作人员的任务分配，保证工作人员组织结构的完整性，以及保证信息完整上传下达。这样也可以在很大程度上为计算机软件开发提供支持，进而促进计算机软件工程质量的提高。其次，需要提高计算机软件工程工作人员的综合能力及综合素养。作为软件开发工程师，必须具备专业的能力和水平，同时还应该具有良好的实际素养，这样才能够保证软件工程实际质量的提升。在软件开发过程中，针对不同的工作人员应该明确其职责，保证自身分内工作的质量和效率，进而提高整体软件工程的质量。

（二）加强对计算机维护知识的宣传

计算机软件开发工程的维护不仅需要从工程实际质量方面采取措施，同时还需要多方协作来提高维护效果。作为计算机使用者，应该充分发挥自身在计算机软件工程管理维护中的作用，通过加强对计算机软件工程维护知识的宣传工作，积极将计算机软件工程维护的理念树立在每一个计算机施工人员的思想中。另外，还要加强对软件工程维护知识的讲解，使得每一个用户能够认识到计算机软件工程维护的重要性，并掌握一些基础的维护技能。用户在日常使用计算机过程中，应该加强对系统的维护、软件的更新、杀毒等，以此来避免计算机在运行过程中出现问题。作为网络管理人员，也应该在计算机软件工程维护中发挥作用，比如网络管理人员可以在相应的电脑界面上给出维护建议，并及时提醒计算机用户对电脑进行维护。

（三）健全软件病毒防护机制

在计算机运行过程中，软件发生问题和故障的很大一部分原因都是由于病毒而造成的，因此，为了更好地保证软件的运行质量和可靠性，就需要健全软件病毒防护机制，通过对病毒进行防护，以此来更好地维护计算机软件工程。软件病毒防护机制主要是通过安装可靠的病毒防护软件来实现的，病毒防护软件可以实现对病毒的有效监测，一旦发生有病毒入侵，立马采取措施进行查杀，杜绝病毒对软件造成影响。病毒防护可以有效抵制90%以上的病毒，从而有效保证计算机软件的可靠性和安全性。在安装了病毒防护软件后，还需要定期对电脑进行杀毒、系统优化等措施，充分利用病毒防护软件来保证电脑的安全。

（四）优化计算机系统盘软件

系统盘是计算机的核心部分，为了保证系统盘的正常有效运行，在安装软件过程中就需要注意控制安装软件的数量，太多的软件会影响到系统盘的运行效率和运行速度。另外，还需要定期对计算机系统盘软件进行清理，比如对于一些长期不用的软件可以进行卸载，释放系统盘的空间，使得系统盘中的软件得到优化，从而促进系统盘更加流畅地运行。一般来说，就电脑 C 盘而言，其系统空间最好保持在 15G 以内，超过 15G 就容易对计算机的运行效率和运行速度产生影响。当计算机系统盘软件得到了优化，也可以在很大程度上提高计算机的运行质量和效率。

随着信息化时代的不断深入，计算机在社会各行各业中发挥的作用也越来越大，作为社会中应用极为广泛的电子设备，其已经逐渐成了人们生活、生产中的重要组成部分。因此，为了更好地保证计算机的运行质量和安全性，就必须加强计算机软件开发工程的维护工作，通过科学有效的维护来保证计算机软件的安全性、可靠性，进而为计算机的安全有效运行提供保障。

第三章　软件开发的过程研究

第一节　CMM 的软件开发过程

软件产业是一个新兴产业，近些年来，随着计算机技术的飞速发展，软件产业迅速壮大，中国软件产业起步较晚，不仅在人才和技术方面与软件产业先进的国家之间有较大的差距，在管理方面也相差很大，CMM 是能力成熟度模型的简称，它可以在组织定义、需求分析、编码调试、系统测试等软件分析的各个过程中发挥作用，提高软件开发的质量和速度。本节简要介绍了 CMM 和基于 CMM 的软件开发过程，并提出了 CMM 软件开发过程中需要解决的三个问题。

目前，CMM 是近些年来国际影响力最大的软件过程国际标准，它整合了各类过程控制类软件的优势，提高了软件开发的效率和质量。软件开发需要成熟先进的技术和完善的系统总体设计，CMM 三级定义的软件开发流程使软件开发更简单，对项目的进度和状态的判断更准确，因此，研究易于 CMM 的软件开发过程对软件产业的发展十分重要。

一、CMM 软件开发概述

（一）CMM 概述

能力成熟度模型英文缩写为 SW-CMM，简称 CMM，它是对于软件组织在定义、实施、度量、控制和改善其软件过程的实践中各个发展阶段的描述，它于 1991 年由卡耐基 - 梅隆大学软件工程研究院正式推出，CMM 由成熟度级别、过程能力、关键过程域、目标、共同特点、关键实践六部分构成，它的核心是把软件开发当成是个过程，并基于这一思想对软件开发和维护过程进行监测和研究，目的是改进旧日烦琐的软件开发过程，除此之外，CMM 还可用于其他领域过程的控制和研究。CMM 的重要思想是它的成熟度级别的划分，它将软件开发组织从低到高分为五个等级，第一级是初始级，这一级软件开发组织的特点是缺乏完善的制度、过程缺乏定义、规划无效；第二级是可重复级，这一级的软件开发组织基本建立了可用的管理制度，可重复类似软件的开发，因此这一级有一重要的过程——需求管理；第三级是已定义级，软件企业将软件开发标准化，可以按照客户需求随时修改程序，这一级的重要过程是组织过程；第四级是已管理级，软件企业将客户需求输入程序，程序自动生成结果并自动修改，这一级的重要过程是软件过程管理；第五级是优先级，软件企业基于过程控制工具和数据统计工具随时改变过程，软件质量和开发效率都有所提高，这一级的重要过程是缺陷预防。CMM 成熟度的划分对国内软件开发组织的自我定位和进步都很大的影响。

（二）CMM 软件开发过程

首先进行项目规划，软件开发人员先了解客户的需求，通过调查问卷、投票等形式搜集信息，相关人员对信息进行归纳处理，提出新的软件的创意，小组人员讨论出软件的小改模型之后进行可行性分析并研究探索新创意的创新性和可行性，提出模型中需要解决的问题，估计项目所需的资金和人力资源，列成项目计划书交付评审。评审通过后，确定软件的具体作用，明确新软件的功能，在目标客户范围内搜集信息，建立准确的模型，制定软件开发计划。先进行概要设计，构建系统的轮廓，根据软件开发计划划分系统模块并建立逻辑视图，建立逻辑视图的核心是对信息进行度量，设计工作量、审核工作量、返工工作量以及完善设计中存在的缺陷等，设定软件标准和数据库标准。然后进行详细设计，针对每一个单元模块进行优化设计，审核设计中的缺陷和未完善之处，将概要设计阶段引入的函数进行详细分解，运用程序语言对函数进行具象的描述，将代码框架填充完整，补充需求跟踪矩阵，最后设计以模块为单元的测试。完善设计方案后，开始编码调试，先进行编码，小组每个人的编码成果都要经过其他人的检查，以防出现漏洞，然后按照测试设计进行单元测试。单元测试无误后进行集成测试，系统集成完毕后将所有测试用例用来测试，系统零失误通过测试说明系统无漏洞，否则检查漏洞重新测试，测试结果形成测试报告留存。软件交付客户验收前进行最后一次测试，检测软件功能与客户需求之间的差距，测试人员在客户提出的每个情景下测试软件功能，测试无误后交予客户。客户验收无误后，小组每个成员针对自己负责的模块进行经验总结，总结基于 CMM 的软件的开发的经验。

（三）CMM 在软件开发中的作用

CMM 在项目管理活动、项目开发活动、组织支持活动三方面都可发挥作用，对提高软件开发的质量和效率有很大的影响，然而，目前我国基于 CMM 的软件开发还处于起步阶段，主要应用的领域是铁路信号系统、海关软件开发、军用软件开发、雷达软件等，推进了铁路新开系统的开发和利用，拓宽了海关软件开发的平台，承接了以前军用软件开发轴端，提高了雷达软件开发质量。在更广大的领域，CMM 还应充分发挥其自我评估、主人评估的作用，为更多的软件开发组织解决软件项目过程改进、多软件工程并行的难题。

二、基于 CMM 的软件开发过程需要解决的问题

（一）软件开发平台的实现

软件开发平台是基于 CMM 的软件开发的基础，目前软件开发的代表性理论是结构化分析设计方法，它利用图形描述的方法将数据流图作为手段更具体的描述了即将开发的系统的模型，在程序设计中，它将一个问题分解为许多相关的子集，每个子集内部都是根据问题信息提取出的数据和函数关系，将这些子集按照包含与被包含的关系从上到下排列起来，定义最上面的子集为对象，即新的数据类型，平台开发的基础就是这个新的数据类型，平台的框架则是将表现层、业务层、数据交换层用统一的结构进行逻辑分组。

（二）软件组织中的软件过程控制

软件过程是用于开发和维护软件的方法和转换程序，工程观点、系统观点、管理观点、运行观点和用户观点缺一不可，软件过程控制的核心是尽量不和具体的组织机构及组织形式联系的原则，它需要定义和维护软件过程，将硬件、软件、其他部件之间的接口标准化，并确定各组织机构的规范化，制定过程改进的计划后，要先选定几个具有普遍特征的项目作为测试项目，先进行试运行，确定软件过程控制的有效性，准确的记录过程控制的数据和具体问题，运用 CMM 将这些问题解决后，将过程控制程序应用到所有的项目中。

（三）软件过程改进模型

软件过程改进模型的核心是评估系统在服务器端的实现流程，登录系统后对新项目进行描述，在线进行项目需求文档编写，同时指派 SQA 人员到项目组进行指导，根据需求文档制订项目 SCM 计划，进而得出跟踪需求，收集当前软件过程中的实际数据并与计划值比较，报告比较结果，若结果在误差允许范围之内，则项目结束，如超出误差允许范围，则调整项目计划，调整后的项目计划再进行以上流程，直至实际数据与计划值的差在误差允许范围之内，软件过程改进模型建立完毕。

目前，国际大多数软件开发过程和质量管理都遵循 CMM，在软件开发中，CMM 的各个关键过程都有对应的角色和负责的阶段，对软件开发的速度和质量的提高有重要的意义。在我国，基于 CMM 的软件开发过程的研究正处于起步阶段，CMM 还有很多功能没有挖掘出来，在基于 CMM 的软件开发过程中，工作人员要充分发挥和挖掘 CMM 的价值，大胆创新，在实践中改进软件控制、软件开发管理等过程，不断提高软件开发的能力。

第二节　软件开发项目进度管理

进度管理是软件开发项目管理的重点，贯穿整个软件项目研发过程，是保证项目顺利交付的重要组成部分。本节从软件开发项目特点出发，阐述软件项目管理现状，分析影响项目进度管理的因素，将现代项目管理理论与信息化技术结合并应用到项目管理当中，理论结合实际，验证进度管理在软件开发项目中的重要性，可为同行业后续类似的软件开发项目提供借鉴与参考。

随着信息技术的不断发展及普及，移动互联网、云计算、大数据及物联网等与现代制造业结合，越来越多的软件项目立项。在软件项目开发过程中，无论是用户还是开发人员都会遇到各种各样的问题，这些问题会导致开发工作停滞不前甚至失败。软件项目能否有效管理，决定着该项目是否成功。因此，如何做好软件项目管理中的进度控制工作就显得尤为重要。

一、软件开发项目的管理现状

国内外软件开发行业竞争越来越激烈，软件项目投资持续增加，软件产品开发规模和开发团队向大规模和专业化方向发展。因为起步晚，国内绝大多数软件公司尚未形成适合自身特点的软件开发管理模式，整个软件行业的项目管理水平偏低，与国际知名软件开发公司有一定的差距，综合竞争能力相对较低。首先，缺乏专业的项目管理人员，软件项目负责人实施管理主要依靠技术和经验积累，缺少项目管理专业知识；其次，在项目开始阶段缺少全局性把控，制订的项目计划趋于理想化，细节考虑不周，无法进行有效的进度控制管理，导致工作进度滞后；再次，项目团队分工不合理，项目成员专业能力与项目要求不匹配，成员各行其是，出现重复甚至无效的工作，从而影响项目进展；最后，项目负责人不重视风险管理，没有充分意识到风险管理的重要性，面对风险时缺少应急预案，使原本可控的风险演变成导致项目受损甚至失败的事件。因此，必须在整个软件开发项目周期内保持对项目的进度控制，当遇到问题时给出合理的解决措施，将重复工作、错误工作的概率降到最低，使项目目标能够顺利实现，使企业能够获得最大利润。

二、软件开发过程中影响进度管理的因素分析

项目管理的五大过程：启动、计划、执行、控制与收尾。软件项目管理是为使软件项目按时成功交付而对项目目标、责任、进度、人员以及突发情况应对等进行分析与管理。影响软件开发项目进度的因素主要有：人的因素、技术的因素、设计变更的影响、自身的管理水平及物资供应的因素，等等。对项目进行有效的进度控制，需要事先对影响项目进

度因素进行分析，及时地使用必要的手段，尽可能调整计划进度与实际进度之间的偏差，从而达到掌握整个项目进度的目的。

（一）进度计划是否合理和得到有效执行

项目在开发过程中都会制订一个进度计划，项目进度和目标都比较理想化，在面对突发情况时没有相应的应急处理预案，无法保证项目进度计划的有效执行。主要体现在制订项目进度计划时由于管理人员自身专业局限性，对项目目标、项目责任人和研发人员和项目周期都有明确划分，但对项目开发难度和开发人员能力考虑不足，假如因项目出现重大技术难题而引起项目延期，同时又没有做相应的应急处理，势必影响项目进度顺利实现。

此外，没有详细的开发计划和开发目标，开发计划简单不合理。比如：项目目标不清晰，项目组织结构和职责不明确，项目成员缺少沟通，不同功能模块出现问题相时互推诿；每个开发阶段任务完成情况不能量化；开发计划没有按照里程碑计划进行检查，进度出现延误没有相应处罚措施和应急措施，导致项目进度管理无法正常进行。

（二）项目成员专业能力和稳定性

项目成员专业能力和稳定性是项目进度计划顺利实施的主要因素。在项目过程中，项目成员专业能力与项目要求不匹配，项目成员离开或者新加入都会对项目的进度造成不良的影响。

项目成员专业能力偏低，不能对自己的工作难度和周期有一个明确的认识，编写的软件代码质量较差，可靠性不高，重复工作比较严重，就会延长研发时间，脱离原计划制定的目标，导致实际项目进度与原计划规定的进度时间点相差越来越远。

项目成员稳定性包括人员离职或者参与其他项目和增加新人。原项目成员离开项目，项目分配的工作需要由新成员或其他项目成员来接手，接手人员需要对项目的整体和进度进行了解，消化吸收原项目成员已经完成的工作成果，同时占用一定时间与原项目成员交流与沟通，并且，每个人的理解能力和专业技术能力不同，在一定的时间内无法马上投入工作，也会影响他们完成相同工作需要的时间，进而影响进度。

（三）项目需求设计变更

项目需求设计变更对于软件项目进度会造成极其严重的影响。由于项目负责人对项目目标理解不清晰，没有充分理解用户需求；或者为了中标需要，对项目技术难度考虑不深；或者用户对需求定义的不认可，感觉不够全面，提出修改意见，重新规划，造成需求范围变更。

项目负责人对于项目需求把控不严，不充分考虑用户增加变更的功能对整个系统框架内容的影响，缺乏与客户的沟通，忽略团队协作和团队成员之间的沟通，轻易修改需求，严重需求变更可能会导致整个系统架构的推倒重来，一般需求变更多了也会影响整个项目进度，造成项目延迟交付。

（四）进度落后时的处理措施

在实际的软件项目开发中，还有许多因素会影响和制约项目进度，没有人能将所有可能发生的事情都考虑周全，在条件允许范围内尽可能对项目开发过程按最坏情况多做预案，做到未雨绸缪，达到项目进度管理的预期效果。

项目管理人员在发现项目出现进度延迟后，需要及时与项目负责人进行沟通，查找问题根源并进行补救控制。同时，一定时间内了解项目组成员工作完成情况以及需要解决的问题，根据需要分解进度目标，做到日事日毕，严格按照项目进度计划时间点实施，尽量减少进度延迟偏差出现的次数。按阶段总结项目情况，评估本阶段项目实现状况是否与计划要求一致，协调处理遇到的困难问题，对项目进度进行检查和跟踪分析，随着项目开发的不断深入，找到提高工作效率、加快项目进度的方法。

三、"智慧人社"管理信息系统项目的实现

（一）项目整体进度计划的制订

项目启动初期，项目组成员使用里程碑计划法，对整个项目的里程碑进行了标记，按软件项目开发的生命周期将项目整体划分为几个阶段：需求分析阶段、系统开发阶段、系统测试阶段及系统试运行阶段等。

（二）项目开发阶段进度计划的制订

在项目的每个阶段中，其实都贯穿着许多阶段性进度计划，"智慧人社"管理信息系统项目的每个阶段计划也是通过使用进度管理方法来制订的。同时，在开发阶段中，项目组将每个功能模块的开发任务进行了更详细的分解，具体到每个子功能，规定了功能实现责任人，并标注了计划用时。项目管理人员可以直观地了解到每个子功能的计划用时，在实施阶段用于与实际使用时间进行对比考核，就很容易得出进度是否延迟或提前的结论。

（三）"智慧人社"管理信息系统项目进度计划的控制

项目进度控制的流程就是定期或不定期接收项目完成状况的数据，把现实进展状况数据与计划数据做比对，当实际进度与计划不一致时，就会产生偏差，如影响项目达成就需要采取相应的措施，对原计划进行调整来确保项目顺利按时完成。这是一个不断进行的循环的动态控制过程。

在"智慧人社"管理信息系统项目开始后，在整体计划中设置了一系列的报告期和报告点，用以收集实际进度数据。分别是项目周会、项目月度会议、阶段完成会议。

本节通过对具体软件开发项目过程中的进度管理进行研究与实践，综合运用科学的项目管理及"智慧人社"管理信息系统的软件思想和方法提出了有效的进度管理方法，不仅可以保证项目的质量，还能在约定期限内完成并交付成果，为今后其他软件开发公司开发

类似项目提供参考，从而帮助提高软件项目开发和进度控制的综合管理能力。

第三节 智能开关的软件开发

自从发明了智能开关，给人类的生活带来了很多便捷，智能开关用导电玻璃做触摸端，通过导线和电容、电阻连接到控制输入端。一种智能开关包括电源、继电器驱动电路和继电器等，现在有很多人家里面都安装上了智能开关，智能开关的发展多样式，让人类感受到了社会发展的快速。

智能开关是利用控制板和电子元器件组合和编程，实现电路智能开关控制的单元，它又称之为 BANG-BANG 控制，它不仅功能多、保护性强，并且信息传输性好，速度快，可远程控制，这一项发明可谓对世人的生活品质提高了不少，智能开关可分为很多种类，每种都有每种的不同功能。

一、智能开关和传统开关的区别

（1）传统智能开关与家用智能开关的面板上面有很大的差异，传统的开关一般是指机械式的固定在墙上的开关，但是智能开关是运用控制板和电子元器件的组合和编程来实现控制的单元，其次，传统开关无法进行远程遥控必须人走到面前手动开关才得以运行，智能开关却可以在远程进行操作，对于懒人来说可以是一项不错的发明。

（2）在功能方面智能开关突破了传统开关的开和关的简单作用，它可以自动设计回路和调节光度，并且人们还可以在里面设计程序和遥控，它的本身就是一个发射源，除去功能多这一特点之外，智能开关还具有样式美观、装饰点缀的特点，目前已被广泛地应用于家居智能化改造、办公室智能化改造等诸多个领域，不仅提高了生成效率又大大降低了运营成本。

（3）智能开关的种类样式多，它的功能有人体感应开关、电子调光开关等诸多功能，假如从技术角度来讲，又主要分为总线控制开关、单相线遥控开关、等等，这些功能是传统开关无法相提并论的。

二、智能开关的功能和使用

智能开关有两个主要功能，人们在购买开关时会根据开关的性能进行挑选，智能开关是一款有"记忆"的开关，假如智能遥控器没电了，等恢复有电之后，遥控器里的所有程序都还存在里面，也无须重新输入。第二个功能就是之前讲到的远程遥控，这种操作相当于是保留了传统开关的操作模式，也可以用遥控器进行灯光控制，甚至可以与手机相连，当你不在家时可以在手机里看到家里的灯是否关闭。

智能开关的使用，用安卓手机举个例子，可以在手机中下载并安装一个"智能家居终端控制"的应用软件，然后点击进入页面，选择"功能"界面，找到需要编辑的开关，这时会弹出一个对话框，点击"设置按键"按钮，之后进入界面后就可以对自己想要更改的场景开关进行修改了，使用起来既方便又安心。

三、智能开关的发展

智能开关的出现让不同环境下的存储管理也变得成为可能，减少了不少的费用，但是，智能开关虽然已很完美，仍然处于进化的阶段。智能开关英文全称：intelligent switch，已经有了十年历史，在现代社会来讲是离得比较近的一个产品，20世纪80年代是最早的智能开关出现的时代，那时智能开关还只是用于自动电话选路，之后不久，相类似的也逐渐出现在人们的视野中，甚至到后来20世纪90年代进化中的因特网。智能开关的种类越来越繁多，到现在为止大概有上百种，但是目前还在不断增加中，在近二十年来居家生活已经发生了很大的变化，在以前中国家庭中很少有人买得起电器家具等，但现在的中国家庭中，许多电器家具已经进入了家庭，给人类的生活带来诸多方便。

四、智能开关的优势

智能开关进入市场之后颇受欢迎，之所以会有这么多人喜爱它，就在于它的优势，单火线传输，根本无须再添加一根零线，不管是使用还是维修都是很方便的。还有就是可以多控、遥控、温控等功能，当负荷未超过动作电流时，它能保持一个长时间的供电，这也是智能开关的基本功能，有了智能开关可谓能够省不少心和力。智能开关的重点就是稳定性好，传输速度快，使用寿命长，有了这些功能自然会很受人们的欢迎。

五、智能开关的价格

智能化的产品能够给客户带来方便，价格也要能让客户接受，在目前市场价来看套三的房子基本上就是1000～2000元左右，这个价格相对于现在很多家庭来讲也不算是很高，还在大众能够接受的水平。购买智能开关之后会有一个很好的售后服务，购买智能开关时一定要选择有好口碑的厂家，这样下来售后服务才能得到最大的保障。

智能开关能够控制在一定的区域里的灯，一般情况下，一个开关可以控制27个灯，还能对某一区域的灯进行锁定，确保能够长时间的开启，也可以一次性的关闭房间里所有的灯，也可以一次性打开全部和个别。随着智能开关的普及，人们安装上了智能开关，然而人们真的了解智能开关吗？

六、智能开关的布线

智能开关采用强电布线进行安装，跟普通开关是一样的道理，同时也要比传统开关简单一点点，至于具体是怎样布线的还得看由电工来安排，全部的布线也是有一些差别的，一般传统开关的布线可以让有的灯进行双控，甚至是多控，布线相较麻烦，但是智能开关的布线，根本就无须考虑这些问题，只要把对应的灯光线和对应的开关底盒连接到一起就完成了，可以说是完全按单项控制来进行布线的。

目前的智能开关主要还体现在开关与开关之间的互相控制上，就像是两个开关之间有感应组合成一个整体网络布线，通过网络发出的信号进行互相传递，意思就是通过里面的信号线把实施命令传递到开关上。而想要达到这个目的，就需要用信号线把所有的开关连接起来，但是由于信号线属于弱电线，人们需要遵循弱电布线原则。布信号线时大家可以以家中的信息箱为起点，用网线或者单根双绞线，这样就可以把所有的开关连接起来了。

智能开关采用普通开关的基础上，多了一条两芯的信号线，普通的电工就可以完成安装，智能开关的每一个开关可以说是一个单独的集中控制器，在安装的时候不需要加任何其他设备措施，安装起来方便便捷，比起传统开关人们更容易接受和享受。智能开关虽然比传统开关价格高一些，但是用起来真的比传统开关方便不少，它的性价比是完全成正比的。

七、智能开关的缺点

智能开关的优势很多，但不可否认的是它也存在一定的缺点，智能开关处于进化阶段，安装智能开关就必须得安装智能灯泡，智能灯泡的安装相较于比较复杂，如果想移动切换到另一个设备的话，就需要重复这个过程，这对于普通的电工来说也是一项很大的挑战。但是这种自主研发的产品电力损耗也比较小，使用的寿命也比普通传统开关长很多。

智能开关的广泛使用离不开人类发展的脚步，同样的人们有了它也应该懂得如何珍惜使用，不管是什么家用东西，都得学会爱惜才会充分发挥他们的用处，智能开关也会在劣势上逐渐形成改革，这个社会也会越来越便捷。

第四节　软件开发项目的成本控制

本节将先对软件开发成本控制影响因素进行分析，并梳理现代软件开发成本管理现状，以此为前提提出适宜有效的项目成本控制对策。

21 世纪是一个全新的信息时代，而软件在信息技术发展中具有一定核心价值作用，为推动软件事业前行，实施强有力的软件开发项目成本控制管理是其关键环节，因为成本控制是否合理、到位直接关系着项目开发的顺利程度，甚至关乎项目是否成功。软件开发和传统项目的实施有一定区别，其特殊性表现为：一方面软件产品生产、研制密不可分，若研制完成，产品基本完成生产，可以说软件开发过程实则是一个设计过程，物资资源需求少，人力资源需求大，而且所得产品主要为技术文档、程序代码，基本不存在物资成果；另一方面软件开发属知识产品，难以评估其进度和质量。因此基于软件开发项目的典型特殊性，其成本控制也有一定难度，风险控制复杂，下面就将对软件开发项目成本控制管理问题展开探讨。

一、软件开发项目成本组成及其控制影响因素分析

（一）软件开发成本部分构成

首先，软件开发成本主要构成为人力资源，内容包括人员成本开销，一般有红利、薪酬、加班费等；其次是资产类成本，即"资产购置成本"，主要指设计生产过程中所产生的油性资产费用，包括计算机硬软件装备、网络设施、外部电力电信设备等；再次是项目管理费用，这是保证项目顺利开发、如期完成的基本条件之一，拥立于一个良好的外部维护环境，比如房屋、办公室基本供应、设备支持服务等；最后为软件开发特殊支出费用内容，简单来说使其始端、终端产生的成本，包括前期培训费、早期有形无形准备成本支出等。

（二）总结影响软件项目成本控制管理的主要因素

（1）软件开发质量对项目成本的影响。一般来说，软件开发质量直接可对成本构成影响，而项目质量又分为质量故障维护和质量保证措施两个范畴，先排除质量故障维护成本，从开发到成功保证软件产品拥有较好功能形成了固有的成本体系，因此总的来说要想提升软件产品质量，就应投入更多成本，两者间存在一定矛盾关系。而另一方面若项目质量差，可以追溯到开发早期故障排除成本投入太低的缘故，因此前期应投入所必需的维护成本，后期维护成本会跟着降低，也有利于得到质量更优的开发软件产品。

（2）软件开发项目工期对成本的影响。项目开始后工期的长短也和成本紧密相连，具体体现主要表现为以下几方面：首先，项目管理部门为保障在工期内完成产品生产，若后期需跟进工期或缩短工期，首先会投入更多好的无形技术，增加强有力人力资源，此外还包括一部分硬性有形成本；其次，若发生工期延误现象，因为自身因素造成对方损失，按合同索赔无疑会给项目成本带来损失。

（3）人力资源对软件开发成本控制的影响。对软件开发这一无形项目实施中，人力资源是重要影响因素，也是最主要影响因素，开发时若投入较多高素质、高专业技能人员，无疑增加了项目成本支出，而纵向、平行对比，优质人员投入会大大提升其工作效率，后期工期一般会明显缩短；反之投入较多普通质量工作人员，工作效率不达标会延长工期，无形中增加了人力成本，因此高素质人员投入总体来说能降低企业成本。

（4）市场价格对成本的影响。随着时代的发展，软件开发产品会跟随市场变化而发生价格上的变动，收益也会变动，而在开发过程中所需人力资源成本、相关硬件设备成本等也都会有价格上的波动，直接影响整个项目开发的总成本支出额度。

二、当前软件开发项目成本控制存在的普遍问题

（一）软件开发项目成本管理问题

软件开发项目成本管理工作复杂，涉及人员较多，目前部分企业在项目开发前仍不能很好地在成本管理中理顺权、责、利三者之间的关系，单纯笼统将其管理责任归结在财政主管上，成本管理体系不完善，直接造成软件开发项目成本控制难以得到合理、到位的管理。

（二）项目开发人员普遍经济意识不强

软件项目开发人员绝大多数为专业技术人员，基本缺乏经济观念，项目成本控制意识比较单薄，比如，项目核算部没另分人手整理的小企业，项目负责人一般更注重倾向于技术的管理，狠抓技术效率或将项目核算完全归结于财政部门执行。

（三）质量成本控制问题

所谓质量成本是指为保证开发软件质量、提高效率而产生的一切必要费用，同时还包括质量未达标所造成的经济损失。当前部分企业受经济利益影响，长期以来仍未正确认知成本、质量两者之间的关系，它们辩证统一，或一些负责人懂得这一关系，但在实际操作中却往往将成本、质量对立，片面追求眼前利益，忽视了质量问题，质量下降或不达标所造成的额外经济损失则是不可估量的，影响信誉对企业长期发展也十分不利。

（四）工期成本问题

软件开发如期交付是项目管理的重要目标，而项目人员是否能按合同如期完成任务，这是导致项目成本变化的关键影响因素。目前项目合同上虽有明确工期，但管理上很少将其和成本控制关系进行密切分析。不重视工期成本问题直接就是成本控制盲区，部分企业为尽快完工，可能存在盲目赶工的现象，最终软件产品质量也不得而知。

（五）风险成本控制问题

所谓风险成本指的是一些未知因素引发的，发生这种问题的关键在于项目管理很少考虑到风险因素，未及时发现潜在风险，一旦发生状况难以规避，这将给项目成本带来极大冲击。

三、软件开发项目成本控制对策

（一）建立软件开发成本控制管理机制

为合理控制软件开发成本，首先应明确管理人员权责问题，包括成本计划编制责任人的确立、成本考核具体指标的设立等，每个部门及参与开发人员都应明确界定权责，关键人员赋予成本监督管理权利；建立健全对所有工作人员执行的奖惩制度，提升开发人员经济意识，人人参与成本控制，严格按工期跟进工作进度，保证开发产品质量，严管盲目赶工、怠慢工作延误工期等恶劣现象，实际工作过程中落实责任担当，使成本控制管理工作真正落到实处，发挥出重要意义。

（二）对项目开发过程加强管控

项目开发过程初期首先应明确企业经营方向，做好成本控制关键性决策意见，而决策下达前必须对市场需求进行调研、分析、整理并确立软件开发所必须的需求，初步确立成本，包括必要硬件设备、网络、人力资源、初拟工期（需结合市场分析并分析风险，注意规避风险）等；加强软件开发过程中的成本控制，必须将其纳入项目成本管理任务中；一些软件开发较大，过程中还应及时收集客户因市场需求而发生的产品要求上的改变，变更需求，科学掌控成本，避免盲目工作，有效规避风险，促进成本管理。

（三）强化成本要素管理和成本动态管理

软件开发项目成本控制要素有人力资源、有形设备、管理环境等，基于其影响要素应实施对应有效成本控制措施，软件开发是一个长期过程，开发时还应注重动态成本控制，提升工作效率，保证软件开发产品质量，避免因工期延误、产品不达标等现象而造成的经济损失。

软件开发同传统项目开发相比具有极强的特殊性，因此在成本控制上也不能单纯沿用实体项目的成本计算形式，为良好控制成本首先应分析软件开发成本影响因素，包括人力资源、工期等，并对软件开发成本管理现状展开分析，基于此提出针对性改善对策，目的在于控制成本，保证企业合理盈利，避免不必要的经济损失。

第五节　建筑节能评估系统软件开发

本节重点论述了建筑节能评估分析的现状，对建筑能耗与节能标准中出现的问题进行了简要的阐述，并对建筑节能评估系统软件的模型进行了有效的构建，以及通过计算机程序实现了建筑节能评估软件的功能。

我国已经具备了建筑节能设计规范与标准，但是缺乏建筑节能评估工具与方法，这些标准与规范在执行的力度与范围上存在很大的差异。建筑节能评估系统软件为建筑在设计、检测、管理以及监理方面提供了重要的辅助作用，能够有效地评估出建筑是否达到了节能的标准，从而使建筑节能工作实现规范化的管理。

一、建筑节能评估分析的现状

（一）建筑能耗分析

建筑能耗受室内空气品质、采暖空调设施、建筑热工性能、当地气候环境、建筑使用管理以及建筑热环境标准等方面的影响。对此分析主要包括空气与水分配系统的模拟分析、建筑物能耗实地测量、建筑物地理位置与气象数据分析、动态过程符合计算方法的研究、计算方法的矫正以及对分析空调系统周期成本经济程序的研究等。

（二）建筑节能标准中存在的不足

制定建筑节能标准，对我国建筑节能工作的开展起到很大的促进作用，但是其本身仍然存在很大的不足，在执行的力度与范围存在极大的差别。

1.节能标准的制定与设计不够统一

标准制定过程规范了设计过程，而设计过程再现了标准的制定过程。二者采用的工具与方法是一致的。但是在现阶段，标准的设计与制定过程相互独立，设计过程知识对标准中提出的指标进行简单的执行，而且运用的工具方法也不一致，不再是标准制定过程的再现与应用。

2.节能指标的可操作性不高

我国现阶段的建筑节能设计标准只是提供了以建筑耗冷量、耗热量为主的综合指标以及围护结构热工性能为主的辅助指标，这些指标在实际应用的过程中较为抽象。进行设计与评价时缺乏对建筑耗能分析的工具，不能确定建筑物高冷量与耗热量，仅仅是围护结构热工性能的参数较为直观，但是这些参数不能用来判断建筑是否达到了节能的标准。

3.无法实现标准的灵活性

我国现阶段的节能标准通常允许具备一定的灵活性，设计人员在设计的过程中可以不按照某些规定来进行，当某些地方难以达到标准要求时，必须在其他方面进行补偿，而且必须根据节能指标重新计算，不能使建筑的总耗能大于设计标准中耗能量。由于计算过程太过复杂，计算方法太过专业，在设计过程中难以确定节能的经济效益，难以实现标准的灵活性。

（三）建筑节能评估系统分析软件

我国现阶段的节能评估系统分析软件的开发较为落后，虽然对暖通空调CAD系统做出了大量的研究，但是对于分析评估系统却只进行了简单比较，没有综合分析建筑耗能，

建筑节能标准在现阶段中存在的不足制约了建筑节能工作的普及，本节通过人工智能与集成技术来解决这些问题，结合研究结果可以看出这方面的探索具有非常重大的意义。文中所讲述的建筑节能评估系统软件，会成为建筑在设计、检测以及管理过程中的一个十分重要的工具，能够使建筑节能工作实现标准化。在未来的探索过程中应当付出更大的努力，这样才能够使文中所提出的目标得到更好的完善与进步。

第六节　基于代码云的软件开发研究与实践

需求环境的不断发展，导致软件研发中代码重用、开发效率等问题越来越凸显。本节首先深入研究基于云计算的软件开发新理念，然后结合 AOP 和 B/S 架构技术，提出一种新的软件开发方法，即基于代码云的软件开发方法，描述了基于代码云的软件开发过程，并以某同城配送电商平台的开发为例进行了实证。实践表明，采用此方法能极大地提高软件重用与代码可定制性，符合高内聚低耦合的软件开发要求。

当前软件开发技术已经难以满足"互联网+"理念软件开发的需求，表现在软件重用率，软件部署、可维护性和扩展性等方面。云计算的出现给这一些问题的解决带来了机遇。目前市场成功产品也很多，如谷歌的 GAE，IBM 的蓝云等。

云代码是指存储在云端服务器上种类繁多的开源代码库，涵盖小到单一代码片段，大到大型软件框架的代码。开发人员将这些云代码复用或稍作修改后即可来实现软件功能，进而提高软件开发效率。

一、代码云技术和面向切面编程

（一）代码云技术简述

基于云存储的代码云技术是通过将云计算、云存储、面向切面编程和浏览器/服务器(B/S)架构技术结合在一起形成的。它的服务驱动方式为云计算，编程方式主要是面向切面编程（AOP，Aspect Oriented Programming），结构模式为三层 B/S 架构，通过提供云代码定制服务 API，软件开发人员和软件开发项目组可以在线获取与定制云端代码，方便敏捷开发、项目组内协同、异地开发等，通过在线开发，积累云实现知识。面向切面编程的解耦性可保证系统中各个功能模块间的相互独立性，B/S 架构技术的"瘦客户端"模式促使三层分离，但同时又间接联系，从体系架构结构方面有利于软件项目的开发、部署与维护。

代码云编程模型起源于面向切面编程，主要作用是分离横切关注点并以松散耦合的形式实现代码模块化，使系统各业务模块和逻辑模块能调用公共服务功能。从没有逻辑关联的各核心业务中切割出横切关注点，组成通用服务模块，实现代码重用。一旦通用模块变动，系统开发人员只需要编辑修改调整此通用模块，所有关联到此通用模块的核心业务与逻辑模块即可同步更新。具体的编码实现可以分为关注点分离、实现和组合过程，其中分离过程主要依据横向切割技术，从原始需求中分离并提取出横切关注点与核心关注点；实现过程是对已分离出的核心关注点和横切关注点进行封装。组合过程的主要功能是将连接切面与业务模块或目标对象，以实现一套功能健全的软件系统。

（二）面向切面编程

面向切面编程（AOP）是 20 世纪 90 年代由施乐公司发明的编程范式，可以用于横切关注点从软件系统分离出来。AOP 的引入弥补了面向对象编程（OOP）的诸多不足，如日志功能中就需要大量的横向关系。AOP 技术解决了将应用程序中的横切关注点问题，把核心关注点与横切关注点真正分离。

二、基于代码云的软件开发过程

基于代码云的软件开发过程包括了可行性研究、需求分析、设计、代码开发请求、代码获取、程序安装以及编程整合、测试维护八个阶段，其中可行性研究、需求分析、设计阶段是和传统意义上的软件开发过程相同的，但把编码、测试、维护阶段变更为代码开发请求、云代码获取、云代码程序安装和编程整合等等阶段。

（一）可行性研究阶段

可行性研究是指在经过调查取证后，针对项目的开发可行进行分析，主要分为技术可行性、经济可行性和社会可行性等多方面，并形成详细的可行性分析报告。

（二）需求分析阶段

软件研发人员在可行性分析的基础下，准确理解客户需求，并和客户反复沟通，把客户需求转换为可描述的开发需求。需求分析主要分为功能需求、性能需求和数据需求，对于软件开发来说，需求分析阶段是最重要的环节之一，关系到系统流程的走向和数据字典的描述，需要将项目内部的数据传递关系通过流程图和数据字典描述，需要准确描述软件对相应速度、安全性、可扩展性等方面进行分析，需要准确描述所开发软件的数据安全性、数据一致性与完整性、数据的准确性与实时性等。

（三）设计阶段

设计阶段分为逻辑设计、功能设计和结构设计三个主要的部分。逻辑设计主要是设计所开发软件的开发用例，功能设计主要是指对每个用例的功能以及功能之间的关系进行设计，结构设计主要是指程序编码和程序逻辑的框架的设计，主要包括显示层、程序逻辑处理层、分布式节点处理层和分布式数据库存储层等环节的设计。

（四）代码开发请求阶段

根据前述可行性分析、需求分析和设计后，软件开发人员在线注册成功后，申请云代码服务，提出相应需规范行要求，云代码定制模块接受相应的需求后进行资源检索，然后解析请求信息，得到并解析请求的来源，最终获得满足要求的目标代码库的网络地址，建立申请与来源的信息通道。

（五）代码获取阶段

获取满足要求的云代码的网络地址后，服务器建立两者的联络，软件开发人员可以从云服务器上获取并自行下载所需的目标代码库。

（六）程序安装阶段

软件开发人员根据所开发软件的逻辑结构，安装已经下载到客户端的目标代码库，形成软件的基础框架或一个个的单独模块、公共功能模块和一批定制组件或代码块。此阶段，程序开发人员需注意代码块之间有无重复、接口冲突等。

（七）代码整合与编程阶段

经过前述 6 个阶段，软件初步架构、接口程序等已经基本到位，程序开发人员通过代码云方式进行程序编写，主要是整合与修改代码。

（八）测试维护阶段

测试阶段主要是对软件的逻辑结构、功能模块、模块间的耦合等情形进行测试，也可以定制测试云模块。

三、基于代码云的软件开发应用

为进一步介绍基于代码云的软件开发方法，我们以作者开发的某同城配送电商平台作为实例进行说明。

（一）开发环境

本节所述基于代码云开发的某同城配送电商平台的开发环境包括硬件、软件两个方面。

1. 硬件环境

主要是两台普通 PC，i5-7400/8G/1T，要求在无线局域网状态，外网状态通畅。一台用于开发，另一台用于测试软件。

2. 软件环境

操作系统：Linux 和 Win10。

Web 服务器：Apache 或者 IIS。

开发语言：PHP

开发工具：Composer

数据库：MySQL

（二）应用实例

同城配送业务主要是鲜花、快餐、外卖等服务，该平台用于构建以公司内部服务为核心，以同城配送为主要业务的电子商务网络平台，要求技术先进、使用方便、系统安全，实现同城配送管理的电商化，食品、鲜花等服务资源的一体化，实现会员、服务来源与配送信息、车辆和配送员等数据的高度集成，该平台全部基于代码云的软件方法设计并开发。

1. 系统总体结构

采用四层架构，可以充分发挥云计算的特性，提高资源与数据的公用共享，可以更便捷的部署与维护，实现"瘦客户端架构"，用户可以通过 Web 浏览器实现对系统的访问。

2. 云代码定制模块

在设计系统时，本节紧密结合同城配送平台自身业务需要，利用定制云代码服务功能，达到设计并实现云代码定制模块的目的。系统配置文件包括程序设计员设置的云代码服务的申请与配置信息。云代码定制主要目的是解析系统配置文件，从目标云代码网络位置将目标云代码下载到本地。然后自动安装程序，将目标代码包安装部署到主程序内。

云代码定制可以实现配送平台主要功能模块的编码，从云代码库可以很快找到实现用户管理、权限管理、通用查询等功能代码。但云代码定制也存在一定问题，对公共模块处理功能强，但对核心代码模块支持少，且程序员还必须在一定程度上进行修改，比如数据库结构，权限控制，核心业务功能，特色业务功能还需要程序员根据需要自行编写。

3. 主要功能模块

根据同城配送业务的需求分析，配送平台主要的功能模块有权限控制、用户管理（含管理员、企业管理人员、配送客户、资源提供商、同行等）、业务管理（订单管理、鲜花配送、食物配送、同城传递）、资源调配（配送资源调配、配送员调配）、财务管理（财务统计、财务报表等）、日志管理（系统日志、访问日志、安全日志等）和安全管理（数据库安全、Web 服务器安全、云代码安全等），这些模块中，登录认证、权限控制、用户管理、日志管理和安全管理等都可以直接从云代码定制获得，而资源调配、业务管理等需要程序员根据需求自行编制。

4. 平台数据库实现

考虑到跨平台性、稳定性和开源性，本节采用 MySQL 作为数据库开发工具，针对平台业务实现，tcps 数据库共分为 54 个表，其中主要有用户权限表 users、基础字典表 zidian、客户表 Client、地区表 unoin、订单表 order 等。

5.可以借助云代码实现的模块

（1）云代码管理模块。云代码管理模块基于代码云技术设计，目的是提高平台代码的可重用率，降低各功能模块之间的藕合度，便于解耦各模块。

（2）权限管理模块。权限管理模块基于 RBAC 模型设计，使用代码云方式，通过权限与角色关联，角色与用户关联两个步骤，使用户与权限分配在逻辑实现分离。平台首先设置了字典表，对各角色之间的关联做出解释，将权限管理模块嵌套到平台中，权限管理主要代码如下：

```
public function StrQuery（$sql，$type=1）
{
$data=new MySQLi（$ths->host，$ths->uid，$ths->password，$ths->dbname）;
$r=$data->query（$sql）;
if（$type==1）
{
$attr=$r->fetch_all（）;
………
foreach（$attr as$v）
{$str.=implode（"^"，$v）."|"; }
return substr（$str，0，strlen（$str）-1）; }
else{return$r; }
}
```

（3）用户管理模块。基于 My SQL 数据库，平台用户管理分为管理员、企业管理人员、配送客户、资源提供商、同行，等等，实现用户登录、注册、权限管理等。

（4）数据库操作模块。该模块主要通过后台页面登录进去后，根据其不同权限和系统 cookies 等数据对象，实现后台数据库的增、删、改、查操作。

数据库连接的主要代码如下：

```
session_start（）;
$username=$_POST["username"];
$password=$_POST["password"];
………
$result=mysql_query（$sql，$connec）;
if（$row=mysql_fetch_array（$result））
{
session_register（"admin"）;
$admin=$username;
………}
```

else

｛

……' ）；｝

（5）通用查询模块。可根据用户要求，选取查询字段或字段组合，自动生成 SQL 语句后，返回查询结果。

（6）通用统计模块。通用统计模块主要是验证用户登录后可以根据实际情况按照不同权限使用时可进行通用统计。提供固定统计字段统计模板和自定义统计模板供用户选择。

（7）日志功能模块。主要是为系统日志、访问日志、安全日志，目的一是排错，二是优化性能，三是提高安全性，日志功能模块主要代码如下：

```
$ss_log_filename=/tmp/ss-log；

$ss_log_lvls=array（

）；

function ss_log_set_lvl（$lvl=ERROR）

｛

………}

function ss_log（$lvl，$message）

｛

global$ss_log_lvl，$ss-log-filename；

if（$ss_log_lvls[$ss_log_lvl]<$ss_log_lvls[$lvl]）

｛

………

｝

$fd=fopen（$ss_log_filename，"a+"）；

fputs（$fd，$lvl.-[.ss_times*****p_pretty（）.]-.$message."n"）；

fclose（$fd）；

………}

function ss_log_reset（）

{global$ss_log_filename；@unlink（$ss_log_filename）；

}
```

（8）其他功能模块。主要是附件上传模块及服务器管理、数据库安全模块等。

以上模块都可通过代码云技术实现，即提高开发效率，又方便业务模块调用，实现解耦。

6. 自行开发模块分析

（1）业务管理模块。包括订单管理、鲜花配送、食物配送、同城传递等，业务管理模块核心代码如下：

```
$name=$PHP_AUTH_USER；
$pass=$PHP_AUTH_PW；
require（"connect.inc"）；
………
if（mysql_num_rows（$result）==0）
Header（"HTTP/1.0 401 Unauthorized"）；
require（'error.inc'）；
```

（2）资源调配模块。包括配送资源调配、配送员调配等，主要代码如下：

```
$cachefile='op/www.hzhuti.com/'.$name.'.php';
$cachetext="<?phprn".'$'.$var.'='.arrayeval（$values）."rn?>";
if（!swritefile（$cachefile，$cachetext））
{
exit（"File：$cachefile write error."）；
}
```

（三）基于代码云的软件开发的特点

基于代码云的软件开发主要具有如下特点：

（1）代码重用性好：程序员可以利用代码云技术简单地获取所需源代码和定制代码库，从而利用现成的云端代码来完成特定功能，代码重用性好。

（2）耦合性好：基于代码云开发程序能实现项目中公共模块分离，业务模块能够解耦性地调用公共模块。

（3）可维护性强：功能模块基于云代码服务，软件维护成本小，云代码库本身都是已经调试好的，前端与后端分离，应用面向切面编程思想都可以确保可维护性强。

（4）生产效率高：云代码服务化使得无效编码减少；另一方面，缩短了软件开发周期，从而确保软件生产效率高。

本节在分析当前云程序开发背景及传统软件开发存在问题的基础上，提出了代码云技术，着重介绍了基于代码云的软件开发过程，并以某同城配送平台作为项目实践，完成了项目的设计与实现，得到了预期研究成果。实践表明，基于云代码技术开发程序，可以有效提高工作和部署效率、提高代码可定制性和复用率，实现高内聚低耦合，在软件开发领域具有很强的实践意义。

第七节　数控仿真关键技术研究与软件开发

数控仿真技术对于工程以及教学方面具有显著的用处，通过对数控仿真技术研究以及对其软件进行的开发能够很好地保证工程的可行性，对于提升工程工作效率有明显作用。

本节通过分析数控仿真以及软件开发的基本结构，阐述了数控仿真技术以及软件的开发、功能以及运行。通过对比数控仿真技术研究软件开发的优缺点，提出了关于数控仿真关键技术研究与软件开发的实际应用。

一、数控仿真及软件开发基本结构

（一）数控仿真技术软件开发

对于数控仿真技术研究软件开发来说，实际关键技术的研究开发主要是关注数控仿真技术与不同种类的软件结合进行相应的操作。最常规使用的软件就是目前基于 VC 系统操作的数控软件。就系统来说，由于在使用数控仿真技术研究时需要对于处理物件的三维立体有具体的要求，因此此系统可以保证在实际的程序开发运行中使用到的程序开发量比较少。但是在我国目前对于数控仿真技术研究的软件开发中，这种系统仍处于初步阶段，可使用范围以及领域比较窄。除此以外还可以使用数控仿真技术研究软件开发结合到数控的二次开发中，利用数控仿真技术对于二次研究软件进行开发，这是我国目前较为普遍的数控机床操作，数控仿真技术研究软件开发结合二次开发主要是考虑到不同的系统成本上的区别，对于实际企业的开发来说难度较低且应用范围较广，是目前较为热门的软件开发。

（二）数控仿真技术软件功能

数控仿真技术研究软件开发使用功能主要考虑到实际的机床模型，通过对不同型号的机床以及不同规格的模型建立模型。通过数控仿真技术研究软件开发能够对虚拟车床以及虚拟操作界面进行合理的操作。数控仿真技术研究软件的开发不仅能够保证在实际使用过程中实现机床的虚拟操作以及编辑修改功能，还能通过建立动态的连接，把实际的机床仿真功能结合实际的操作，实现数控仿真技术控制机床的虚拟界面，进行实际的材料加工以及成型。另外数控仿真技术研究软件开发还能进行几何模型的建立，通过模型的建立把复杂的三维模型进行实际分解，通过软件技术建立三维立体数据方程，实现图形的转换以及连接。

（三）数控仿真技术软件运行

对于数控仿真技术研究软件的运行驱动需要多个步骤进行操作，首先在加工进行数控仿真开发时就需要对程序进行破解以及分析，通过对数控仿真技术研究软件开发分析以及破解，在数控过程中对信息进行筛选，将数控仿真技术研究软件开发过程中错误的信息进行剔除，同时提交正确的修改代码，将正确的修改代码进行运行去送，再进行扫描并且译码。数控仿真技术研究软件开发译码的过程中首先需要对程序进行嵌入，将需要运行的程序扫描然后装入到数控仿真技术研究软件中，通过执行数控仿真技术研究软件开发的程序，采用电脑系统进行译码。除此以外在电脑系统的内存运行过程中也能实现缓冲译码，通过对不同步骤的录入记性缓冲，将破译后的编码记性汇编，包括进行必要的计算和刀补。

二、数控仿真技术研究软件开发特性

（一）数控仿真技术研究软件开发优点

对于数控仿真技术研究软件开发来说，数控仿真技术研究软件具有非常多的优点。首先数控仿真技术研究的软件开发环境十分逼真，在软件开发的虚拟加工环境中，数控仿真技术能够建立逼真的界面框架，通过虚拟界面的三维导向，将系统中读取到的数据进行分析并且以三维彩图的形式进行展示，在数控仿真技术研究软件中使用者可以通过控制操作界面，对产品机床进行全方位的观察，并且数控仿真技术研究软件可以将实际的数据比例以及操作演示生动实现，能够全面的展示产品的外形。此外，通过实现数控仿真技术研究软件的开发，彻底解决了训练设备的问题，在传统的数控研究中需要操作者对机床进行实际的操作演示并且要求操作者对于设备的数据以及各方面信息十分了解，同时还要求操作者具备应用的素质，确保操作者在使用前受到严格的培训。在此过程不仅耗费大量的人力物力，而且无法确保操作者能够完全掌握，容易发生安全问题。而使用数控仿真技术研究软件不仅对操作过程进行全程仿真，而且有效地防止了操作者出现技术以及安全问题，增强了操作者的操作而且为日后的使用打下基础。

（二）数控仿真技术研究软件开发不足

数控仿真技术研究软件开发虽然存在许多优势，但在实际的操作过程中仍然能够找到许多不足之处。数控仿真技术研究软件不能完全实现并且展示实际操作中的设备所有功能。与此同时在对数控仿真技术研究软件开发中，不同的虚拟操作对于虚拟界面的要求也不同，不同的虚拟演示在操作过程中运行的代码也不尽相同。因此就要求数控仿真技术研究软件开发者在实际的研发过程中设定不同的算法，在对于不同的操作界面发出的操作指令进行破解并且设计到不同的操作代码。而在操作者实际的使用过程中，如果出现有区别于数控仿真技术研究软件开发中实现的程序操作就需要操作者自行设定算法，对数控仿真技术研究软件开发进行实际分析，这就导致了数控仿真技术研究软件对于操作者的技能要求增大，利用数控仿真技术研究软件操作难度增强。同时在实际的操作过程中需要使用到不同型号的工具以及零件，在数控仿真技术研究软件开发过程中很难涉及不同型号以及不同的零件，这就导致数控仿真技术研究软件开发成本增大而且数控仿真技术研究软件可使用范围变窄，降低了数控仿真技术研究软件的开发使用率。

三、数控仿真技术研究软件应用

（一）数控仿真技术研究软件结合 CAD

在数控仿真技术研究软件的开发应用中，使用 CAD 绘图软件可以与数控仿真技术研究软件进行完美结合。在数控仿真技术研究软件开发操作中需要软件设计者对设备模型进行浇筑成型。在实际的操作中使用 CAD 绘图软件，将设备的实际状况利用绘图软件进行描绘，然后利用数控仿真技术研究软件技术，将绘制完毕的设备图以及相关设备的数据资料进行导入，利用数控仿真技术软件的虚拟操作界面进行操作，通过数控仿真进行加工，将数控仿真技术软件中搜集到的绘图软件数据进行直观显示，而且利用数控仿真技术研究软件还可以实现原始设备的参数调整，有利于后期的加工设计，便于操作者快速满足加工需求。

（二）数控仿真技术研究软件应用教学

数控仿真技术研究软件开发还可以应用于实际的操作教学中，通过数控仿真技术研究软件结合实际的教学软件可以代替传统的教学方法以及传统的教学模式。通过数控仿真技术研究软件满足对于操作者的高要求，降低培训就业成本，通过数控仿真技术研究软件的开发以及操作，多样化地实现目前企业对于数控机床的使用要求，同时增加了数控培训人员的多元化，通过数控仿真技术研究软件的帮助提升受训人员的积极性。

（三）数控仿真技术软件校正检验

在数控仿真技术研究软件运行过程中需要实现运行基础以及运行程序，保证在实际的操作中机床能够运行。除此以外不同的操作还可以结合实际的运行试切，通过使用数控仿真技术研究软件操作界面以及虚拟程序的运行对实际物件进行全方位的评估以及实验，保证在实际操作中的完整性。同时在开始实际的机床操作以前利用数控仿真技术研究软件记性校正以及检验能够保证程序安全可靠地运行，减少材料的损耗，提升实际的生产效率。

数控仿真技术以及其软件开发适用于高精度以及高精密度的工程项目中，不仅能够保证工程设备的准确性，还能提高工作效率，是未来工程应用领域的核心技术。

第八节　软件开发架构的松耦合

"开发架构"这个称谓对于大部分开发人员来说，可能使用"开发视图"更容易理解。应用架构包含了我们通常理解的架构视图的绝大部分，除了进程、部署等视图。无论称谓是什么，这里专指的应用系统在开发环境中的静态组织结构，也是项目开发人员具体的工作环境。因此这部分的松耦合与项目开发人员密切相关。

实际上，在开发阶段，绝大多数人接触到的松耦合基本属于这一类。无论我们读过的代码设计相关的书，还是实际工作经验，又或是来自一些支持 AOP 的第三方框架的约束，这些都会促使我们按照一种良好的松耦合的方法来编写代码。如面向接口、继承、多态以及各种相关的设计模式等。文章主要侧重于探讨针对我们编写的模块，如何处理模块之间松耦合的问题。

一、API 依赖的松耦合

我们开发的绝大多数应用是分层的，如常见的 Web 应用分为展现层、服务层、持久层。应用分层便会存在层与层之间依赖的问题。如 Spring 等框架，通过依赖注入，使得层与层之间的依赖实现了松耦合。层与层之间的依赖注入，可以有两种形式。

面向接口，是层与层之间通过接口实现松耦合。上层模块根据配置在容器中查找接口的实现，下层模块需要实现接口并注册到容器中。这种方式，接口成了层与层之间的耦合点，接口的变化会同时影响上下层。

面向代理，是层与层之间不再有接口上的耦合。上层根据需要，定义一个接口代理，这个代理会自动查找下层模块的实现。下层模块不必实现相关接口，只需要在容器中注册即可。这种方式的好处是不存在接口变化的影响（尤其对于 Java 这种编译型语言）。但是它会产生更细粒度的依赖，如方法，因为至少需要在上层的代理中指定下层的组件名、方法、参数等信息。

即便位于同一层中的各个模块（如服务层），也存在相互依赖的问题，如订单服务需要访问客户服务获取客户资料。这种情况的解决方式应该与层与层之间的依赖类似。同一层各个模块之间的依赖（尤其是服务层）相对比较复杂的地方是对于传输对象的处理。如订单服务需要调用客户服务获取客户资料，积分服务也需要调用客户服务获取客户资料。那么对于客户服务返回的客户资料传输对象，会形成一种模块间的耦合关系。总体来讲，可以有 3 种。

（1）将每个模块发布服务的传输对象单独打包，依赖该服务的模块只需要依赖该传输对象的发布包即可。

（2）将项目中所有模块的传输对象合并打包，各模块都依赖这个传输对象包。这是第一种方案的"懒惰"版，毕竟如果模块数量非常大时，管理工作量会比较大。当然这种方式的缺陷也很明显，是与模块化方向背离的。

（3）每个模块使用自己的传输对象。这种方式只适用于那种弱依赖的远程调用（像本地调用、Spring Http Invoker 这种强依赖调用是不可行的）。也就是说，当模块调用外部服务时，按照自己使用的数据，定义传输对象。这种方式是耦合性最小的方式（部分讲解微服务的书也提到了这种处理方式），因为不需要关注服务发布方的全部数据，而是按需获取。当然这是一种很理想的服务调用方式，但是现实却是很多数据在多个模块之间是重复的。对于上面的例子，也许无论订单还是积分，都需要获取客户的名称、地址、联系方式等信息。结果就是，在这些模块的传输对象中，都需要重复包含这些信息。

二、模块的松耦合

如一个工作场景中，实际上无论是 B/S 还是 C/S 结构的系统，无论我们最终将应用系统部署到服务器还是将服务器作为一个组件嵌入到应用当中，本质上来说，它还是遵从了 Servlet 规范（当然，此处指绝大多数，而不是所有）。虽然 Servlet 规范提供了多种模块化机制，但是它的入口却只有一个，即 web.xml 描述文件。如将 web.xml 中的配置，以注解或者 webfragment.xml 的形式分解到各模块中，也是实现松耦合的关键。可以将上面的场景作为模块松耦合目标的一部分。而且这个层面的松耦合更有助于我们将系统向更细粒度的部署架构方向演进。可以说，这种方式已经距离微服务架构一步之遥，而且由清晰的模块化架构到微服务，这种循序渐进的架构重构更易成功实现微服务化治理。不仅如此，还会发现，这种架构极易回退，如果认为微服务并不适合。至少有两种方案可以实现将模块独立运行。采用 Servlet 规范的模块化机制。

Servlet 规范支持应用配置的模块化和可插拔，主要分为 3 种方式：①注解；② SCI；③ webfragment.xml。这 3 种方式都可以用于实现模块之间配置的松耦合，尽管它们的实现方式有所区别。对于注解的方式，我们需要在每个模块中定义自己的 Servlet、Filter 并添加相应的注解，用于分发处理当前模块的请求，以代替原有 web.xml 中的配置。理想情况下，web.xml 中不保存任何配置（由于应用服务器都会提供默认的 web.xml，因此项目中甚至可以不需要该文件）。这样，每个模块都变为一个可部署的 Web 应用（暂时不考虑静态文件，接下来会单独讨论）。模块与模块之间，除了必要的 API 层面的依赖，不会存在任何配置依赖。

实际情况可能要稍微复杂一些。如设置请求 / 响应编码、安全认证，这些通用 Filter 我们更希望统一配置，而不是每个模块都要配置一次。此时，可以单独保留一个通用的"门户"模块，用于保存系统的这些基础配置。这个"门户"模块与其他模块并没有任何依赖关系，只是提供了请求映射层面的基础功能，因此它是可以轻易替换的。如果使用的是一个来自第三方框架的 Servlet 实现，此时使用注解并不是一个好的选择（除非愿意实现它的一个子类或者装饰类，以便添加注解）。此时，可以使用 @Web Listener 注解，以编码的方式添加 Servlet，或者采用 SCI。SCI（Servlet Container Initializer）基于 SPI 机制，以编码的方式添加 Servlet、Filter。与注解相比，它扩展性更好。这两种方式都能在脱离 XML 的情况下，实现 Web 应用配置的模块化。

对于开发架构的松耦合，主要体现在如何解决 API 依赖以及模块产出物（代码、配置、资源文件）的分解上。这种分解便于模块以更轻量级的方式运行，有利于系统整体架构向轻量级架构转型。如果将当前系统重构为微服务架构，不妨先尝试如何做类似拆分，这种拆分一定是由业务进行驱动。系统以松耦合的模块化架构运行无碍后，微服务架构便已是一步之遥。

第九节　基于 SOA 的软件开发的研究与实现

随着软件技术的不断发展和 Web 技术的应用，面向服务的软件系统开发的方法也得到了迅速的发展。文章提出了 SOA 框架设计的方案，对基于 SOA 的软件开发的关键性技术、功能实现进行了分析和研究，具有一定的应用价值。

一、面向服务体系结构分析和研究

（一）面向服务体系结构分析

面向服务体系结构（Service-Oriented Architecture，SOA）是一种组件模型，在面向服务体系结构中，面向服务是指体系结构应用程序中的功能，并且各个功能之间的互通是通过定义好的接口来进行连接的，通过中立的方式对接口进行定义，接口与硬件平台和操作系统之间是相互独立的。面向服务体系结构对接口进行中立的定义，称之为服务间的松耦合，松耦合的系统中体系结构比较灵活，系统中应用程序服务中的内部结构发生变化时候，松耦合系统还是可以独立存在的。松耦合与紧耦合正好相反，紧耦合的系统中接口和系统之间关联比较紧密，如果系统中应用程序发生改动，那么整个系统会发生变化，紧耦合系统比松耦合系统脆弱。在 SOA 系统应用中业务的灵活性需要引进松耦合系统，在应用系统中业务的需求是不断变化的，松耦合系统可以适应不同环境变化的需要。基于 SOA 体系结构软件开发的整体设计是面向服务的，SOA 应用的基础技术是 XML 可扩展标记语言，通过 XML 可扩展标记语言对接口进行描述。基于 SOA 软件开发的安全可靠是最终目的。

（二）面向服务体系结构的研究意义

SOA 与传统的体系结构相比，具有松散耦合和共享服务等特点，松散耦合的应用可以帮助服务的提供者和使用者在接口上更好地进行独立的开发，在系统中服务的使用者在对服务接口和数据进行更改的时候，系统中服务的使用者不会受到任何影响。松散耦合可以帮助系统根据高可用性的需要来实现对系统应用程序独立的管理，SOA 中松散耦合为系统提供了重要的独立性。通过基于行业标准的技术就可以实现 SOA，把系统中特定的标准消除，使系统不再受平台技术和行业技术垄断的束缚，对所有服务进行优化。基于面向服务体系机构的应用程序采用共享的基础框架服务，可以进行单点管理。

（三）面向服务体系结构相关技术应用

SOA 中服务的使用者通过接口来访问应用服务，服务应用的接口是通过网络来进行调用的，这和 Web 服务的设计理念和应用技术比较类似，所以在 SOA 中可以通过 Web 技术来实现。在 SOA 中没有具体技术，采用的技术集合有 Web 技术和 SOAP 技术等。SOAP 技术是基于可扩展标记语言 XML 的一种通信协议，对 XML 消息在网络中进行传输的格式进行了定义，在 SOA 中请求者和提供者之间通过 SOAP 对通信协议进行定义。SOAP 结构包括 4 个部分。

在 SOAP 结构中 SOAP 信封功能是对整体的表示框架进行了定义，对消息的内容和处理者进行表示；SOAP 编码规则功能是对编序机制进行定义；SOAP PRC 表示功能是对远端过程调用进行定义；SOAP 绑定功能是对完成结点间 SOAP 信封的交换所使用的底层传输协议进行定义。

二、面向服务软件体系结构框架设计及功能实现

（一）面向服务软件体系结构框架设计

SOA 是应用程序体系结构，所有相关的服务都被定义成了独立的服务，通过可调用的定义好的接口对服务进行调用来实现业务的流程。SOA 设计要以结构层次清晰、功能和服务可随意扩展、服务功能复用度高为设计理念，采用分层设计的原则，按照不同应用服务的需要对结构进行逻辑划分。系统在设计的时候采用 Web 服务功能丰富的 J2EE 1.5 作为系统平台，J2EE 对系统服务的应用进行逻辑划分，并且可以加强计算机的计算能力，J2EE 是一种完全分布式计算模式的代表。

在基于 SOA 的软件开发系统的层次结构设计中，表现层的设计目标，对多个客户端请求进行集中处理，提高请求处理的扩展性，可以在系统中加入新的功能。表现层通过前端控制器来处理所有的请求，通过后端控制器把请求处理的命令或者视图都调用起来。表现层的设计使系统模块化的程度得到了提高，对模块化的组件进行了重用，系统模块的可扩展性也得到了提高。业务层的设计目标是防止业务层与客户端之间发生紧耦合的情况，为业务对象提供远程访问的功能。业务层的设计为远程客户端访问服务提供一个专门的层，降低系统中各个层次之间的耦合，简化应用服务的复杂度。服务层设计目标是把现有的服务都提供给客户端，并监视客户端对服务的使用情况，根据服务的需求对服务的使用进行限制等。基于 SOA 的软件开发结构体的设计，首先按照分层思想对系统的体系结构进行逻辑区间的划分，使 SOA 层次结构清晰，功能模块可以根据需要进行扩展。

（二）面向服务软件体系结构功能分析

在基于 SOA 的软件开发系统的层次结构中，客户端层包括应用系统的所有客户端的

设备，Web 浏览器和系统扩展连接的 WAP 收集都可以作为客户端。表现层把系统访问的客户端和服务的表现逻辑都进行了封装，表现层功能是对客户端的请求进行统一管理，为客户端提供了单一的登录入口，建立会话管理，把对业务访问的请求响应返回给客户端。业务层为客户端提供各种应用的业务服务，业务数据存放在业务层中，系统相关的业务处理都是在业务层完成的。服务层负责与外部系统进行通信，服务层与资源层之间通过 Web 服务等进行协作，服务层中可以设置 Web 服务代理，负责一个或者多个服务组件之间的交互，通过聚合方式对响应的信息进行管理。资源层在功能设计上主要是存放业务数据和外部数据信息资源。

随着分布式计算方式的研究和应用，在软件的应用集成和软件的重用方面，SOA 得到了具体的应用。通过对基于 SOA 的软件开发的分析和研究，可以让 SOA 在软件的开发应用中发挥巨大的作用，基于 SOA 的软件开发的研究与实现具有一定的研究和应用价值。

第十节　软件开发中的用户体验

信息技术的发展使信息产品广泛应用到社会生产和人们的生活中，并在推动社会生效率和提高人们生活便捷方面发挥出了重要的作用。信息技术是为了推动社会发展以及对社会做出改造过程中的重要工具，因此软件设计工作以及开发工作中，应当将人的需求当作重要的依据，应该要多站在不同用户的角度去考虑，以满足用户需求为第一目标，尽量避免软件推出之后出现问题。

一、重视用户体检的意义

在软件设计以及开发的实践工作中，软件的设计者以及开发者往往关注软件的功能，而没有强调用户的体验，换而言之，软件功能的事先并没有引起足够的关注，然而这一因素，在产品的设计与开发中恰恰发挥着决定性的作用。对用户体验的重视不仅有利于提高用户对软件本身的评价，同时也有利于软件设计和开发质量的发展，能够具有更加明确的设计思路，从而确保软件设计与开发工作具有良好的发展方向。

二、软件设计开发中的用户体验阶段

由于软件设计和开发具有周期性，而不同阶段对用户体验所产生的影响也具有差异，所以在软件设计开发准备期、交互期、反馈期，用户有着不同体验。从发展趋势上来看，用户体验在准备期以及交互阶段前期，呈逐渐上升的趋势，而在交互阶段后期和反馈阶段，用户体验则呈下降的趋势。理想的用户体验发展趋势应当是在准备期、交互期和反馈期呈现出平稳态势。

（一）准备期

软件设计开发的准备期是软件用户在获得产品以及使用产品之前的阶段，用户对产品的认知仅仅是在设计者或者开发者所提供的设计思路，虽然没有对软件产品本身展开实际交互，但是对用户的心理产生了一定的影响。因此，软件设计开发人员应当从用户角度出发，最大限度的了解用户对产品的渴望与需求方面，可以从方便用户操作、以最少步骤满足用户需求、界面更加符合用户的审美观等方面考虑。由于准备阶段中的用户体验直接影响着产品在用户心中的形象，所以如果这一阶段产生问题，很容易让用户对软件产品或者软件团队产生负面影响，影响对产品的第一印象。所以只有做好这一阶段的用户体验工作，才能为后面阶段中的用户体验工作做好铺垫。

（二）交互期

所谓交互期就是用户试用产品的时期，在这一段时间，用户和产品开始频繁的交互，通过使用产品对其有了更多的了解，因此交互期是用户对产品体验的重要时期，也是软件开发设计人员最注重的时期。由于在这一阶段，软件产品能帮助用户解决一些实际问题，用户对软件的舒适性、方便性以及快捷性有一定的要求，因此，软件产品一是要具有完善的实用功能以及实用性。二是软件需要能够满足用户视觉方面的审美享受，同时要有助于客户加深对产品的理解。所以，通过在这一阶段提高用户体验，可以有效提高用户对软件产品的认可程度，并推动软件产品市场占有率的扩展。

（三）反馈期

反馈期是用户对软件做出评价和改进意见的时期。由于软件产品有着较长的使用周期，所以这一时期比较容易被忽略。这就需要软件开发设计人员的高度重视，能够确保用户在软件开发设计的整个周期都觉有良好的用户体验，可以彰显出自身的职业道德和专业水平，这对于推动软件产品本身和软件团队都是具有重要意义。

三、用户体验的提高策略

（一）注重界面设计，对软件具有一个良好的第一印象

不同的用户有着不同的个性化特点，带有非常强烈的主观性，因此对软件开发者来说，应该打破传统的设计理念，结合该软件所面对用户的特点进行设计。譬如可从用户的操作习惯来布置控件的位置、用户的喜好来设置界面的主色调、合理的错误提示及处理、完善的帮助体系。

（二）注重软件的适用性及运行效率

一个软件的好坏，它的适用性非常重要，若软件产品功能无法满足用户需求，何来的

良好用户体验，所以软件的适用性是良好用户体验的前提也是必要条件。软件开发设计的时候一定还需要注意对算法的优化，用户长时间的等待而产生不满的情绪。因此，对软件开发设计者来说，应该在不影响软件程序本身功能的前提下，对软件的代码进行相应的优化，提高软件的运行效率，从而让计算机用户能够体验到高运行效率的软件，使用户成为该软件的长期用户。

（三）软件功能要满足用户的人性化需求

软件的最终目的就是解决问题，在满足用户在某项功能上的需求，又要为广大用户提供良好的服务。譬如一些统计数据可做动态联查，一层层钻取数据，让用户更加明确数据来源，在页面中显示的内容可让用户自行配置，显示用户个人所关心的信息，重视检索功能，方便用户查询等。这些细小的设置，能为用户提供更加人性化、更加灵活的服务。这就需要软件开发设计者在进行软件设计的时候，能够将用户体验放在首位，让软件产品切实发挥服务的作用，注意软件程序中的各个模块进行合理、灵活的搭配，能够根据用户的需要而提供各不同的操作方式，便于用户选择自己习惯的操作方式。

在以人为本的时代，为用户提供个性化、差异化的体验将成为软件公司的核心竞争力。良好的产品体验会提升产品的档次与价值，同时也会增加用户对产品的忠诚度，重视用户体验，为用户提供一个美好的未来，也为企业增加更多的用户群，最终实现共赢。

第四章　计算机软件的测试技术

第一节　嵌入式计算机软件测试关键技术

随着我国社会经济和科学技术的飞速发展，计算机科学技术处于蓬勃发展的时期，这也带动了嵌入式计算机软件测试系统的结构和软件架构更加先进复杂，其核心技术更是带动行业发展的重要力量，软件运行的可靠性和使用度得到了各行各业的重视。本节通过对嵌入式计算机软件测试系统的意义进行讨论，研究嵌入式计算机软件测试中的关键技术，来提升嵌入式计算机软件测试的质量与水平，为进一步发展软件测试技术提供发展方向和技术革新的探索角度。

近年来人们对计算机科学技术的需求不断上升，同时行业对软件测试系统的质量和性能的要求也不断提高，这就要求嵌入式计算机软件测试技术不断进行创造和革新，以适应行业日益增长的高要求和高需求。嵌入式软件测试系统的重点在于检测软件质量。嵌入式计算机软件测试技术的应用范围越来越广，系统也变得越发复杂，这就要求人们必须加强对嵌入式计算机软件测试系统的开发，以适应社会发展。

一、嵌入式计算机软件测试系统的基本概述

嵌入式计算机一般是将宿主计算机和目标计算机相连接，宿主计算机是通用平台，目标计算机则是具有给嵌入式计算机系统提供运行平台的作用，两者之间进行相互作用，共同工作，确保系统可以正常平稳运行。其工作的基础就是利用计算机进行软件的编译和处理，目标机再把编译好的软件进行下载，进而发挥出数据传输以及软件运行的基本功能。

由于嵌入式系统的自身特点，例如与宿主相匹配，嵌入式计算机作宿主的组成部分，须在体积、重量、形状等方面满足宿主的要求；模块化设计，采用商用现货、并且可以相互使用，重复使用的硬件和软件，大大降低成本。伴随着嵌入式计算机软件的适用范围不断扩大，不断提高软件的复杂程度，软件的测试难度也随之提升，在测试中需不断地切换宿主机和目标机。此外由于目标机需要大量时间与资金，而宿主机则不需要考虑到这些尤其是成本问题，科研人员正尝试将测试的方法进行改变，争取使测试只借助宿主机就能完成，进一步节省人力物力，有利于嵌入式计算机软件测试的全面发展。

二、宿主机的测试技术

首先是静态测试技术，将需要测试的对象放入系统中，对各类数据进行分析，进而追踪源码，进一步确定出依据源码绘制的程序逻辑图和嵌入式计算机系统软件的相应的程序结构。静态测试技术的优点是可以实现各种图形之间的转换，例如框架图、逻辑图、流程图等。这就改善了传统的用人工来进行测试所带来的出错率大，效率低下的问题。静态测试技术在进行工作时，不需要对每台机器进行检测，只要凭借数据就能判断出系统的错误，即方便了操作，更节省了时间。况且随着技术的发展，嵌入式计算机测试软件的复杂，其开发工作不再是工程师可以完成的，并且软件的原始数据是分散的存储在多个计算机系统中，以人工来完成嵌入式计算机软件的测试是不可能的。另一个技术则是动态测试技术。它的测试对象是软件代码，主要功能是检测关于软件代码的执行能力是否达到要求。动态测试技术的优点是可以找出软件中不足，便于有针对性地进行调节。此外还可以检测软件的测试情况，研究其中已经开发完的数据，检测其完整性。同时，动态检测技术可以对软件中的函数进行分析，将每种元素的分配情况根据其内存显示出来。

三、目标机的测试技术

首先是内存分析技术，由于嵌入式计算机存在内存小的问题，因而利用内存分析技术进行检测可以轻易确定其中问题部分。而且由于内存问题，嵌入式计算机软件发生故障的次数较多，进而无法进行二次分布，对数据信息造成影响，使其失去时效性。因此，利用内存分析技术可以检测内存分布的情况，找出错误的原因，针对其错误进行有目的的改正。一般情况下，对内存进行检测可以利用硬件分析的方法，但这种方式花费高，耗时较长，且易受到环境因素等外在条件的干扰，同时在进行软件分析时也会妨碍计算机的代码与内存的运行。所以在对计算机内存进行研究时，可根据测试的需要，合理选择正确的方法，使得内存分析技术发挥出最好的功效。其次是故障注入技术。嵌入式计算机软件处于运行状态时，可以依靠人工的方式来进行设置，这就要求目标机的各类部件功能有所保障，可以使软件按照设置的时间和方式进行。而利用故障注入技术对目标机进行测试，可以有针对地测试目标机的某个性能，只测试其中一个部分，例如边界测试、强度测试等。采取这个方法不仅降低了计算机软件的使用成本，更是将嵌入式计算机的运行状态清晰的表示出来，方便了操作和观察。

最后一项是性能分析技术，其主要作用是对嵌入式计算机系统软件的性能进行测试，以保证功能的稳定性。嵌入式系统能否正常运行很大程度上是取决于程序性能的优异，性能分析技术就可以很好的解决这一问题，它可以对程序的性能进行分析，发现其中存在的问题，找出造成该问题的根源，有针对性的解决问题，减少了查找问题的时间，大大提高了工作效率，进一步加强了嵌入式计算机软件的质量。

综上所述，在计算机技术日益发展的今天，嵌入式计算机软件的适用范围不断扩大，将会应用于方方面面。而这就对其稳定性有了较高的要求，人们要对它进行测试，确保目标机和宿主机可以稳定运行，才能保证嵌入式计算机系统的质量，有助于嵌入式计算机软件测试技术的发展。

第二节　计算机软件测试方法

计算机软件测试与保护技术是确保计算机软件质量的最关键办法。计算机软件测试是增强计算机软件质量的重点所在，同时计算机软件测试技术也是开发电脑软件中最关键的技术手段。探究计算机软件的测试办法，有利于掌控计算机软件测试办法的好坏，通过详细的操作来改良电脑的测试办法，提高电脑测试办法的可行性，进而提升电脑软件的质量。

一直以来，怎样提高软件产品质量都是人们关注的重点问题之一。软件测试是检测软件瑕疵的重要方法和手段，能够将软件潜在的技术缺陷和问题识别出来。出于不同的目的，有着不一样的软件测试办法。

一、计算机软件测试技术的概念

计算机软件测试技术就是让软件在特定环境下运行，并对软件的运行全进程展开详尽全方位的观察，并记录测试进程中得出的结果以及产生的问题。等到测试完成后，汇总软件不同层面的性能，最后给出评价。软件的测试类型可以从性能、可靠性、安全性进行划分。遵照软件的用处、性质及测试项目的类型，通过测试计算机软件，可以快速发现与处理软件中存有的问题，使计算机系统更加完备。通过计算机软件测试的定义，可以得出计算机软件测试技术的意义与作用在于将计算机系统中存有的问题全部暴露出来，再针对问题进行科学处理。首先，用户期望能发觉并解决软件中存有的隐藏问题，且软件测试技术与用户的要求相吻合；其次，开发软件的工作人员则期望能通过软件测试技术来证实自己开发的软件是科学合理的，不存有毛病或者隐藏问题造成系统出错的情况。

二、计算机软件测试目的

当前，人们测试计算机软件的定义使用的是 20 世纪 70 年代的计算机软件测试，即所谓的软件测试是执行检查软件所存在的瑕疵和漏洞的过程。这也就表明计算机软件测试的主要目的是检测出计算机软件所存在的瑕疵和漏洞，而不是通过执行计算机软件测试程序证明计算机软件的正确性和高性能。计算机软件测试成功与否的标志主要是看通过测试有没有发现从未发现的错误。由于计算机软件的瑕疵和漏洞会随着时间和其他条件的变化而有所不同，因此在一定程度上我们所说的计算机软件的正确性是相对的，而不是绝对的。

三、软件测试方法

（一）黑盒测试

黑盒测试不针对软件内部逻辑结构内容进行检测，它按照程序使用规范和要求来检测软件功能是否达到说明书介绍的效果。黑盒测试也称功能测试方法，它主要负责测试软件功能是否正常运行。在设计测试用例时，只需考虑软件基本功能即可，无须对其内部逻辑结构进行分析。测试用例必须对软件所有功能进行检测。黑盒测试可以将软件开发过程中漏掉的功能、接口、操作指令等问题检测出来，为程序员改进软件功能提供指导意见。

（二）白盒测试

计算机软件的白盒测试方式又可以称为计算机软件的逻辑驱动测试或者计算机软件的结构功能测试，测试计算机软件的代码和运营路径，以及软件运营进程中的全部路径。计算机软件在白盒测试时，测试人员要先调查计算机软件的总体结构，保证计算机软件的结构是完好的，通过逻辑驱动测试来获取计算机软件的运营速率及路径等相关数据，并加以剖析。在对电脑软件展开白盒测试时，还是存有一定的问题。计算机软件的检测人员要先剖析电脑软件的程序是否吻合标准，白盒测试无法检测出电脑软件程序存有的问题。如果电脑软件程序自身存有毛病，白盒是测试不出的，那么在测定进程中就找不出计算机软件的问题。如果计算机软件产生数据上的错误，那么计算机软件的白盒测试就难以将软件存有的问题测试出来。在测试软件时，还要依靠 JUnit Framework 等软件展开协助测试。

四、提高软件测试效率的方法

（一）尽早测试

在以往的测试中，由于测试时间较晚导致管理者无法快速控制软件开发存有的风险，并且越晚越容易出现问题，最后修改时会增加每一个单位的资金投入。从成本学的层面来讲，控制资金与风险是很有必要的。想要快速处理此问题就要提早检测，早发现早处理。首先我们要边开发边测试，在弄清楚客户的要求后，就要依据要求编制一个完整的软件测试计划，伴随剖析进程完成软件的测试。在开发软件时，测试人员要快速地对软件展开测试，并依据测试结果得出专业化的评测报告。这样，开发人员就可通过检测后的指标来适时调整软件，也使管理者管理起来更容易。其次，要借助迭代的方式来开发软件，将以往软件开发的周期划分为不同的迭代周期。测试人员可以逐个检测每一个迭代周期，这样将系统测试发生的时间提前，同时降低了项目的风险及开发成本。最后，将以往的测试方式改为集中测试、系统测试和验收测试，将整体软件的测试划分为开发员测试与系统测试这两个阶段。这样做的优点在于将软件的测试扩展至整个开发人员的工作进程。这样就将测试发生的时间提前，通过这样的测试办法可提早提高软件的测试质量，减少软件的测试资金投入。

（二）连续测试

连续测试的灵感来源于迭代式检测方式。迭代式方式就是将软件划分为不同的小部分来展开检测，这样开发的软件可划分不同的小部分，也相对容易完成目标。在连续检测的进程中也是如此，在开发软件的进程中可将软件划分为每一个小部分来逐一解决。其中这些小部分可划分为需求、设计、编码、集成、检测等一连串的开发行为。这些活动可将一些新功能集中起来。连续检测就是通过不间断检测的迭代方法来完成的，发觉软件中存有的问题，让问题能够快速得到处理，也可让管理者轻松控制软件的质量。

（三）自动化测试

检测整体软件的作用在于尽早测试、连续测试，实际上就是提前检测时间，快速发现问题。这种测试办法是相当繁杂的，要是仅利用人工来展开检测，很浪费人力资源，并且极容易产生错误。所以，智能化检测工具是不可缺少的。智能检测的关键是借助软件测试工具来完善软件测试流程，这个程序对各种检测都适用。

（四）培养人才

在我国软件事业的飞速推动下，一些高端企业将软件的质量监督与维护当作发展的重点，所以拥有一批测试能力强的专项人才，培养一批具备高素养的软件检测人员是我国软件公司发展的当务之急。这些人才可以为软件的开发提供完好的测试程序，使企业可以从容地展开软件的测试与开发。

总而言之，计算机软件测试可提高软件的性能，让计算机软件满足用户的要求，从而给用户提供更优的服务。为了能拥有专业水准高的测试队伍，我国要注重培养软件测试专业人才。

第三节　基于云计算的计算机软件测试技术

现如今，我国是科技发展的大时代，云计算技术的发展对我国现阶段的计算机软件测试技术的发展带来了一定的影响，为了探索基于云计算的计算机软件测试技术发展方向，对基于云计算的计算机软件测试技术的定义与特征进行了分析，并从测试任务与测试用户分类两个不同的方向对基于云计算的计算机软件测试进行了分类，并探索了基于云计算的软件测试的基本架构。

计算机软件测试技术是一种基于前瞻性的计算机使用方法，是一种预防计算机故障的有效方法，能够从根本上降低计算机的故障频率，从而提高计算机使用效率，进而提升用户的工作效率和使用体验。近几年，计算机软件的测试技术处于高速发展期，相继出现了多种测试模式，在实际测试过程中，可以人工创设虚拟环境来模拟现实环境对软件的运行程度进行监测分析，最终达到解决各种软件故障的问题。在进行计算机软件测试的过程中要注意综合运用不同检测方式相结合的方法，才能够对软件的运行进行全方位的评估，只有这样才能确保软件故障无遗漏，计算机运行高效率与高稳定性。

计算机技术中的软件开发技术内容主要包括可信操作系统、程序设计语言、数据库系统、应用可移植性、软件工程、分布式计算与网格计算、Agent 技术、应用系统集成、软件安全等技术。国内经济的发展和互联网、计算机的日趋普及极大地推动了中国软件技术产业的发展。政府也在大力推行国民经济信息化为软件和信息服务业带来极好的发展机遇，这使得国内计算机技术市场高速发展，这也便造成了国内软件市场方面对软件的需求量急速增加，成了推动软件市场高速发展的主要动力。

一、计算机软件测试方法与应用

（一）计算机软件单元测试方法

（1）必须要对一些编程基本程序进行了解与掌握。（2）需要对软件的设计原理进行充分的理解，再基于程序的编程原理对编码进行研究分析。这个过程需要由专业的软件研究人员进行研究和开发。（3）由于计算机软件单元测试方法过程必须在计算机驱动模块的基础上开展，所以在进行测试之前首先要对计算机的驱动系统进行测试。在实际的操作过程中，就是要通过控制流测试的方式对计算机系统进行排错处理。在确保以上 3 点的情况下，运用数据对照的方式进行故障排除，最终达到对软件单元以及模块的全面测试。

（二）计算机软件集成测试方法

在进行计算机软件单元测试的基础性测试以后，需要对软件集成系统进行测试，这是一种利用集成测试的方法，对软件的各个单元之间连接方式进行测试，检测单元之间的连接是否正确。如果软件各个元件和模块之间无法建立有效的连接，软件在运行过程中就会出现问题，进而影响计算机的正常工作。因此我们需要在基础层面的更大层面，也就是大区域模块连接的层面上对软件进行故障排查与检测。这就是对软件集成测试的科学内涵。一般情况下，在对软件的大区域模块集成测试的过程中，能够深入了解软件内部各个模块和运算程序是如何进行运算和处理的，能够客观分析软件的运行状况，了解软件工作过程中运行模式是否同意，也能够发现在这个环节上是否存在问题与不足。在实际的检测过程中，对软件的集成测试方式有两种：一种是自上而下的检测。另一种是自下至上的检测方式。无论是哪种检测方式，都需要逐层检查，决不可跨层检测，只有这样才能够保证检测环节的完整性，避免在测试过程中出现遗漏的现象。

（三）计算机软件逻辑驱动测试方法

计算机软件逻辑驱动测试方法在行业内又可以称之为计算机软件的结构功能测试方法和计算机软件白盒测试方法。这种测试方法是针对计算机软件代码进行检测与测试的方式与手段。在实际的检测过程中，检测人员需要对计算机的软件运行过程中的路径进行整体的分析，分别对路径的合理性、路径的可达性和路径的效率性做出科学和系统的分析，同时还要了解计算机在使用软件过程中运行状况并进行系统分析。计算机软件逻辑驱动的测试方法是比前两种测试方法更高层面的检测方式，整个测试过程中必须要对整个运行过程路径有一个综合分析，这就需要我们在测试前期对整个软件逻辑过程进行系统地调研分析，在一个相对完整的结构框架层面上进行检测工作。通过计算机软件逻辑驱动测试，我们可以进行软件运行过程中的具体运行速度值，运算路径的详细信息比如路径合理性与通畅性，在获得了这些基础数据之后，再对软件运算过程进行科学评价，针对这个系统做出统一的整理与分析。

（四）计算机软件黑盒测试方法

计算机软件的黑盒测试是一种模式化测试的体现，首先对软件进行等价划分的方法对输入地区进行划分，整个划分过程都采用既定的测试方案系统处理。通过这种方式将软件划分成几个不相同的子集，每个子集下面的相关元素都是等价的，再通过等价划分的方式对每个子集进行测试。这种方式相对于前3种方式都更为便捷，在实施过程中也更为高效。因为每个不同子集下的所有元素都具有一般等价的测试条件，所以测试的过程中只需要在不同子集中选择一个元素进行测试即可。如果在测试的过程中需要对一些类似的特征进行测试，只需要对这些特征相似的元素进行集合划分处理，再进行系统程序完整性测试即可。在实际的操作过程中，也可以对划分的边界值进行测试，这种测试方式通过对测试结果取边界值的原理，对运行过程是否完整进行测试。

二、基于云计算的软件测试架构

与传统的软件测试平台不同，基于云计算的软件测试涉及的内容相对较多，这就必然导致整个平台的架构也异常复杂，现阶段基于云计算的计算机软件测试架构已经逐渐成了一种复杂的软件、硬件以及服务的综合体系。基于云计算的软件测试架构主要分为以下几种不同的类型：（1）YETI测试云系统架构，该系统是英国约克大学开发的计算机架构，该平台部署于亚马逊所提供的EC2云中，同时还可以支持基于Java的自动测试；（2）D—Cloud平台，该平台是日本驻波大学开发的系统，在该系统当中可以完成大规模的分布式测试，同时在该平台当中还内置了虚拟故障插入技术；（3）Cloud9，该平台是瑞士洛桑理工大学基于IBM提供的云平台建立的软件测试系统，该系统不仅可以建立在公共云之上进行运行，同时还能够建立在私有云的基础之上进行运行。

云计算技术是现阶段信息技术的最新发展趋势，云计算技术的发展对计算机软件测试技术的发展也带来了一定的影响。但是从总体上来看现阶段关于云计算的计算机软件测试发展还并不完善，还存在着许多需要进一步解决与完善的问题。本节对基于云计算的计算机软件测试技术进行了简略的介绍，并分析了基于云计算的软件测试基本架构，希望能对现阶段我国的云计算计算机软件测试技术的发展有所帮助。

第四节　多平台的计算机软件测试

首先针对软件测试的概念进行阐述，并在此基础上，就目前进行软件测试的平台进行分析，最后就建立在多平台的计算机软件测试方法进行论述，希望通过自身多年对计算机软件的研发经验，给予从事该行业的相关技术人员提供一定有价值的帮助。

由于计算机互联网技术的不断推广和发展，在社会日常生活当中，针对计算机软件产品的使用早已屡见不鲜。而在用户针对计算机进行使用的过程当中，都会在计算机内部进行相关应用软件的安装和使用，所以，针对计算机软件的编写成了社会当下最为热门的职业之一。

一、计算机软件测试概述与过程

软件开发商为了让用户拥有更佳的使用体验，会在软件编写完成之后，其目的是尽可能地降低用户在软件使用过程中存在的不足和缺陷，让用户在使用过程中拥有更佳的体验。理论上越是复杂的软件就会存在有越多的错误与漏洞，而开展软件测试的目的便是在于对可能被发现的漏洞进行修复。而如果软件开发商需要最大限度地对错误与漏洞进行修复，一般情况下就会选择在多个计算机平台当中开展软件的测试，但是因为目前针对软件测试的平台呈现多样性，软件开发商在针对计算机软件进行测试平台选择的过程当中，必须要按照软件的运行特点，选择出合适的测试方式，这样才可以达到最佳的测试效果。

伴随着计算机技术的不断发展与成熟，软件测试这一概念也逐渐被人们所提起，并且在近十年来开始走向科学化的发展。在计算机使用的初期，软件开发人员针对软件程序进行编写时，往往会因为计算机自身性能与用户对软件使用需求的影响，让软件的占用空间尽可能地降到最低，并且所编写的程序也较为简单，所以软件测试这一概念并未进行大范围普及。而到了现在，计算机技术已经日益完善和成熟，并且可以进行储存的数据量也越来越多，执行的任务也变得更加多样化。在这样一种大环境当中，软件的编写人员在开展软件制作时，就会使一些较为复杂的软件中存在有许多漏洞。

例如：全球使用用户最多的 Windows 系统进行分析，微软公司的技术人员在能力层面上肯定是世界先进水平，但是这些精英人才所制作出来的软件，本身仍旧会存在有很多的漏洞，所以用户会发现每隔一段时间之后，微软公司就会针对系统当中存在的漏洞，发布补丁软件，对系统进行全方位的完善。而其他计算机软件也是同样的道理，如在一些计算机应用软件的更新通知中，都会对软件的此次更新进行说明，除了增加了相关的功能之外，该软件还针对系统上个版本之中的那些漏洞进行了修缮。

计算机自发明之后的几十年中，到目前为止，已经取得了飞速的发展，对应的技术也变得日益完善。在此当中，针对软件开发是计算机在使用过程中一项重要的环节，因为计算机用户在使用计算机时，是需要对相关软件进行使用的，特别是伴随着互联网技术的逐渐成熟，诸多的计算机软件对于人们的日常工作和生活有着极为重大的意义。但是在对这数以万计的软件使用过程之中，软件自身存在一些较为明显的漏洞，就会给用户的使用造成影响，并对用户的信息安全造成威胁，这样都会让该软件开发企业受到巨大的经济损失。因此，软件编写者为了尽可能地杜绝上述现象的发生，所以在对软件编写完毕以后，往往都会选择一部分使用率较高的系统平台，开展对软件的功能测试。依靠对软件的深入测试，开发人员不但可以将软件的功能性进行最大程度的优化，同时也能提前找出软件在使用过程中存在的不足。而为了将测试效果最大化，软件开发人员往往会选择多个测试平台针对软件开展测试。

所以在世界范围内，针对软件进行测试的最主要特征就是测试平台的多样性，之后还需要针对软件在某个平台展现出的具体特点对软件在该系统运行过程中的相关数据进行调试。

二、软件测试的平台

（一）含义

软件测试平台的诞生，其主要意义就是增强技术人员对软件开始测试的效率。在早期的软件测试之中，技术人员在软件制作完毕以后，会随机选择几组数据输入到软件之中，由此对软件的运行状况进行检查，并以此找到软件在运行过程中出现的漏洞。这种原始的测试方式，对于软件的有效测试率极低，并且很难发现软件在功能使用方面存在的不足，而且无法找到软件当中的逻辑性错误。

而在多平台软件测试出现之后，便很好地解决了上述的问题，软件开发人员会将软件的运行流程分成若干个环节，并在不同的平台当中，逐一对各个环节开展测试工作，这样的测试方式在极大程度上提升了测试人员对于软件的检测效率，减少了软件测试周期，并且对于软件在功能上、逻辑上存在的不足，能够更及时发现。

例如：在开展某计算机软件的测试中，技术人员一般会选择分布测试的办法，在多个计算机平台系统当中，使用相关的工具进行数据的检测与性能的测试。

（二）特征

软件开发人员为了能够最大限度地对软件测试效果进行增强，在测试平台的选择上，需要有一定的要求。因为软件在计算机上运行的流畅程度，往往与系统环境之间有密切的联系，在不同的系统环境当中，软件的运行情况可能会存在一定的差异。当下所使用的计算机软件当中，很大一部分需要进行联网，软件才可以正常的运行，因此若要对这些功能开展性能测试，软件就必须要在联网环境中开展运行，所以软件的运行环境对于针对软件开展测试十分重要。

（三）常见测试平台

目前，在中国市场上，针对软件的测试平台较多。按照软件开发者的不同需求，这些软件测试平台的功能性也会有所不同。

国内常用的 Test Center 软件测试平台与 PARASDFT ALM 软件测试平台，前者是用于针对通用软件开展测试的平台，可以面对较为多样性的软件开展测试活动。此平台是面向软件测试而建成的一个平台，并且在该平台当中，可以随时进行测试运行的优势。依靠该平台的使用，软件开发商可以极大程度地降低针对该软件进行研发的时间，提升软件开发者的工作效率，因为该平台可以面向计算机当中的全部软件，所以并没有十分显著的特征，但是在该平台当中，却拥有较为多样化的模块，每一个模块都能够针对软件在某一方面的性能开展测试。而在 PARASDFT ALM 软件测试平台当中，却显示出很强的集成性。也就是说该平台更加适合技术人员在针对软件的初期研发过程当中开展软件的测试，同时按照对该软件使用的编写语言的特点，PARASDFT ALM 软件测试平台当中配置有较为全面的测试工具，因为这些测试工具在使用过程中拥有极佳的反馈，所以 IBM 公司与英特尔公司在内的多家知名企业均使用该软件测试平台。

三、多平台的计算机软件测试方式

（一）计算机软件多平台测试

尽管就目前国内市场当中的计算机测试平台进行单一的观察，这些平台在使用过程中或多或少都可能存在有不尽如人意的地方。因此如果把软件只投放到一个软件测试平台开展测试，那么得到的测试结果必定是不全面的。因此这就需要软件开发商在多个计算机平台当中开展软件测试活动。对于现有环境的软件开发企业来讲，开展多平台的软件测试有着非凡的意义，特别是在软件呈现多样化和复杂化的现在，软件不存在漏洞与错误是不现实的。但是必须要从各个方面着手，减少软件在使用过程中可能会对用户使用体验产生影响的缺陷。但是单一的软件测试平台测试是很难达到这一要求的，因此针对计算机软件测试，要采取多平台测试的方式，这是当前软件开发形势下，对于软件开发商所提出的硬性要求。

（二）进行多平台计算机软件测试的方法

目前形势看，软件开发企业在进行软件的多平台测试过程到中，需要注意以下问题：首先是不同平台测试时，相关技术人员的协作问题。因为每一个测试平台都是由不同的软件开发商进行研发，因此相关人员在对这些软件测试平台进行使用的过程当中，会因为测试平台的不同，使人与人之间对软件操作的适应性存在差异，这会让技术人员在正式开展对软件的测试工作时，相互配合出现问题。所以在开展实际测量时，技术人员需要对测试的方式进行统一。

技术人员在开展某一个计算机软件的多平台测试时，应首先对所测试软件的核心功能板块进行确定，如果软件的功能在开展测试时，对于平台没有要求，若存在有针对性测试平台，就需要对该测试平台进行优先选择，杜绝全部选择通用平台而造成的测试结果不全面的现象，并且能够在某种程度上增强软件测试效果。在使用一个平台进行测试完成之后，再开展另一个测试平台的软件测试。这种流程一直持续下去，直到后面的平台检测中都没发现问题，则软件的测试工作方可宣告结束。

针对计算机软件的多平台测试，能够有效地让软件开发商在软件使用过程及时找出存在的问题和缺陷，并进行弥补，并给予用户最佳的使用体验。同时，该测试也能够减少软件检测人员的工作负荷，因此针对软件的多平台测试这一课题值得进行深入的研究。

第五节 计算机软件测试技术与深度开发模式

软件测试过程中，为了满足实际工作的需要，展开相关测试模式的协调是非常重要的，比如自动化测试模式、人工测试模式及其静态测试模式等，通过对上述几种模式的应用，确保计算机软件测试体系的健全，实现其内部各个应用环节的协调。

一、关于计算机软件测试环节的分析

该文就白盒测试及其黑盒测试的相关环节展开分析，以满足当下工作的需要。黑盒测试。黑盒测试也被我们称之为功能测试，其主要是利用测试来对每一功能是否能够被正常使用进行检测。在测试的过程中，我们将测试当作一个不可以打开的黑盒，完全不考虑其内部的特性及内部结构，只是在程序的接口测试。

在日常黑盒测试模式中，我们要根据用户需要，展开相关环节测试，确保其输入关系、输出关系、用户需求等满足，确保其整体测试体系健全。但是在现实生活中，受到其外部特性的影响，在黑盒测试模式中，其普遍存在一些漏洞，较常见的黑盒测试问题主要有界面错误、功能的遗漏及其数据库出错问题等，更容易出现黑盒测试过程中的性能错误、初始化错误等。在黑盒测试模式中，我们需要进行穷举法的利用，实现对各个输入法的有效测试，实现其程序测试过程中的各个错误问题的避免。因此，我们不仅要对合法输入进行测试，还要对不合法输入进行测试。完全测试是不可能实现的，实际的工作中我们多使用针对性测试，这主要是通过测试案例的制定来指导测试的实施，进而确保有组织、按步骤、有计划地进行软件测试。在黑盒测试中，我们要做到能够加以量化，只有这样才能对软件质量进行保障，上文中提到的测试用例就是软件测试行为量化的一个方法。

在白盒测试模式中，我们需要明确好其结构测试问题及其逻辑驱动测试问题，这是非常重要的一个应用问题。通过对程序内部结构的测试模式的应用，可以满足当下的程序检测的需要，实现其综合应用效益的提升。在程序检测过程中，通过对每一个通路工作细节的剖析，以满足当下的通路工作的需要。该模式需要进行被测程序的应用，利用其内部结构做好相关环节的准备工作。进行其整体逻辑路径的测试，针对其不同的点对其程序状态展开检查，进行预期效果的判定。

二、计算机软件的深入应用

（1）在计算机软件工程应用过程中，其需具备几个应用阶段，分别是程序设计环节、软件应用环节及其软件应用环节，通过对上述几个应用环节的剖析，进行当下的计算机科学技术理论的深入剖析、引导，从而确保其整体成本的控制，实现软件整体质量的优化，这是一个比较复杂的过程，需要引起我们的重视，实现该学科的综合性的应用。在软件工程应用过程中，其涉及的范围是比较广泛的，比如管理学、系统应用工程学、经济学等。受外部影响条件限制，软件开发需要经过几个应用阶段。软件开发中的三个阶段。通过软件工程这种方式，对软件进行生产，其过程和建筑工程以及机械工程有很大的相似性，好比一个建筑工程自开始到最后往往会经历设计、施工以及验收这三个阶段，而软件产品的生产中也存在着三个阶段：定义、开发以及维护。当然，在建筑工程及软件的开发阶段也存在着一些不同，比如，建筑工程的设计蓝图一旦形成之后，在其后续的流程中将不会有回溯问题，而在软件开发工程中，每一个步骤都有可能经历一次或多次的修改及适应回溯问题。

通过对应用软件开发模式的应用，可以满足当下的计算机开发的需要，比如对大型仿真训练软件的应用，对计算机辅助设计软件的应用，这需要实现相关人员的积极配合，进行应用软件的整体质量的优化，根据软件工作的相关原则及其设计思路，实现该工作环节的协调，实现其综合运作效益的提升。在该种软件开发模式中，我们要进行几个系统研究方法的应用，比如生命周期法、自动形式的系统开发法等。在生命周期法的应用过程中，需要明确下列几个问题，从时间的角度对软件定义、开发以及维护过程中的问题进行分解，使其成为几个小的阶段，在每个阶段开始及结束的时候都有非常严格的标准，这些标准是指在阶段结束的时候要交出质量比较高的文档。

（2）通过对原型法的应用，来满足当下工作需要，软件目标的优化需要做好相关环节的工作，实现其处理环节、输出环节及其输入环节的协调。在此应用模块中，要按照相关方法进行系统适用性、处理算法效果的提升，实现对上述应用模式的深入认识。这需要研究原型的具体模式，工作原型、纸上原型等，利用这些模型可以就软件的一些问题展开解决。至于工作原型则是在计算机上执行软件的一部分功能，帮助开发中及用户理解即将被开发的程序；而现有模型则是通过现成的，可运行的程序完成所需的功能，不过其中一部分是在新开发基础上改善。在利用原型法进行开发的过程中，主要可以分为可行性研究阶段、对系统基本要求进行确定阶段、建造原始系统阶段等。

（3）自动形式的系统开发应用中，通过对 4GT 的应用，实现其软件开发模式的正常运行，该模式实现了对所需内容的深入开发，利用该种模式，可以有目的性的进行剖析，从而满足当下工作的需要。4GT 软件工具将会依据系统的要求对规范进行确定，进而进行分析、自动设计及自动编码。限于篇幅这里不再对其详细分析。软件测试及软件开发是非常复杂的工作，涉及的内容和环节比较多。

本节限于篇幅，仅对最重要的一些问题进行较为表面的探讨。我们要想真正地做好这一工作，还需要加强自身的学习和探索。

第六节　对目前计算机软件可靠性及其测试分析

随着社会科技的不断发展和进步，计算机软件产品的应用已经遍布了世界各个角落，它们与人类的生活息息相关，所以计算机软件的质量好坏是一件很重要的事情。本节将针对目前计算机软件的可靠性以及其测试进行分析。

随着社会的进步，信息科学与技术得到了很大的发展。在如今的社会上，计算机软件已经被广泛地应用，各个领域范围都可以看见计算机软件的存在，它已经和我们人类的生活密切地联系在了一起。但是，计算机软件总是存在着一些问题和缺陷，这给人类的生活带来了不便甚至是危害。比如在国家的航空领域、军队作战领域、商业银行领域等等重要领域，如果出现计算机软件的错误，带来的后果是不堪设想的，严重的情况下，可能会威胁到人们甚至一个国家的存亡。比如在 1991 年，美国爱国者导弹防御系统，就是因为它存在着一个很小的软件缺陷，使得在抗导弹战役中失利，并且其中一枚导弹击毙了美国士兵 28 名。像这种因为计算机软件的缺陷而造成严重的后果的例子还有很多，所以需要警惕起来，针对计算机软件的可靠性以及其测试需要进行分析，全面提高计算机软件的质量。

一、计算机软件的可靠性以及其可靠性测试的定义

（一）计算机软件的可靠性

计算机软件的可靠性是软件质量的基本要素。计算机软件的可靠性是指在一定的时间

和条件下，软件不会使得系统失效，并且在规定的时间范围内，计算机软件可以正常地执行其该有的功能。计算机软件运行的时间主要是软件工作以及挂起的总和，而在这软件运行的时间段里便是计算机软件可靠性的主要体现。计算机软件在其运行的环境当中，给与系统所需要的各种要素。当然，在不同的环境下，软件的可靠性也是不同的，它需要根据计算机的硬件、操作系统、数据格式、操作流程等从而产生随机的变量。另外，计算机软件的可靠性与规定的具体的任务也有关系，程序的选择不同，软件的可靠性也会随之改变。

（二）计算机软件可靠性测试

所谓计算机软件测试就是指在软件规定使用的环境当中，检测出软件的缺陷，验证是否可以达到用户可靠性要求的一种测试。在测试的过程当中，需要使用各种测试用例来进行测试其可靠性，需要拥有明确的测试目标，然后进行制定测试的方案，科学合理地实施整个测试的过程，最后需要对测试得到的相关数据和结果进行客观地分析。进行这种测试目的在于两个方面，其一是为了去发现计算机软件的缺陷，而另一方面是为软件的正常维护提供较为可靠的工作数据，同时对软件的可靠性进行定量的分析，从而其是否为合格，是否可以进行推广。

二、计算机软件的可靠性测试的方法

就目前社会上所采用的计算机软件可靠性测试的方法可谓五花八门，但是总体来说可以分为四种：静态测试、动态测试、黑盒测试以及白盒测试。静态和动态测试主要是根据测试当中是否有需要执行被测软件的角度出发，而黑盒以及白盒测试是根据测试当中是否需要针对计算机系统内部结构和具体实现算法的角度出发。

静态测试主要指的就是在测试的过程当中，并不实际地去运行被测试的软件，而是对计算机软件的代码、相关程序、文档以及界面可能会出现的错误进行相对的静态地观察和分析。总的来说，静态测试主要就是对软件的代码、文档、界面进行测试。而动态测试就和静态测试不同，它是对计算机软件进行运行和使用，并不仅仅停留在观察上，需要进行实际地操作，从而发现软件的缺陷。

所谓黑盒测试，就如它的名字一样，是把需要进行测试的软件当作一个黑盒子，我们不用去了解软件内部的结构，我们需要做的工作就是进行输入、接收输出、检验结果。黑盒子测试常常又被称作行为测试，因为测试的软件在使用过程中的实际行为。在黑盒测试中，需要注意的地方是输入的时候，数据是否正常，输出的时候，结果是否是正确的，软件是否有异常的功能等。如果在测试的过程中，一旦发现或者出现程序上的错误，要及时核对输入以及输出条件可能会出现的数据错误，从而来保证软件中程序能够正常运行。

白盒测试当然就是和黑盒测试相反，它是需要打开被测软件内部的盒子，去分析和研究计算机软件的源代码还有自身的程序的分布结构。像这种测试又可以称作为结构测试。在白盒测试的过程当中，测试人员会充分了解软件内部工作的步骤和过程，可以清楚地知道软件内部各个部分工作的情况，看它们是否和预期的工作状况一致。白盒测试人员可以针对被测软件的结构特点以及性能来进行选择和设计相对应的测试用例，来进行检验软件测试的可靠性。

白盒测试主要是针对软件运行的所有的代码、分支、路径以及条件，这种测试的方式是目前比较流行的软件可靠性测试方法。它主要的方法是针对逻辑驱动和软件运行的基本路径进行测试，这一点也是在软件认证领域得到了较为广泛的运用。在这种测试过程中，可以保证软件内部每个模块中独立的部分都可以在相应的路径下至少执行一次，从而最终确定软件中所用数据的真实可靠性。

本节主要是简略地介绍了计算机软件的可靠性以及可靠性测试的含义，还有计算机软件可靠性测试的基本方法。在现在这个科技发达的社会上，计算机软件测试的方法是层出不穷，但是仍然会存在一些意想不到的问题，所以人们还需要不断学习和创新，从而创造出先进优秀的测试方法来提高计算机软件的可靠性。

第七节　三取二安全计算机平台测试软件设计

本节描述的测试软件是为测试三取二安全计算机平台功能的正确性和系统的可靠性而设计的一款专用测试工具。该工具用于测试三取二安全计算机平台的三取二功能、继电器的驱动和采集、UDP 协议通信、串口协议通信、热备冗余功能、各板卡的实时工作状态显示、故障报警等。为了逐一测试这些功能，本节详细描述了工具的设计过程和设计方法，并配有流程图。该款工具具有一定的设计创新性，已经得到应用，达到了其设计目的，得到了第三方安全认证公司的认可，使三取二安全计算机平台顺利通过安全认证。

三取二安全计算机平台是城市轨道交通信号系统各安全子系统的一个通用的硬件平台，为后期各安全子系统的应用开发提供所需的应用接口。通用硬件平台主要功能包括三取二功能、继电器的驱动和采集、UDP 协议通信、串口协议通信、热备功能、各板卡的工作状态、故障报警、日志记录等。平台硬件包括通信板（COM 板）、安全监控板（VSC 板）、微处理器板（MPU 板）、输入输出板（DIO 板）、扩展板（GATE 板）以及电源模块等。由于该平台是南京恩瑞特实业有限公司自主研发的一款产品，所以市场上没有相对应的测试工具，为此本人主导并研发了该款专用测试软件。

本节重点描述三取二安全计算机平台核心功能的测试软件的设计，主要分为 4 个部分，即三取二功能测试设计、网口和串口通信功能测试设计、DIO 驱动和采集继电器功能测试设计、板卡工作状态和报警功能测试设计。

一、三取二功能测试设计

三取二功能是指三块独立的 MPU 板分别获取 DI 的采集信号和 COM 板传来的应用数据，然后三块 MPU 板就像三台独立的计算机分别对输入的对象进行处理，然后将各自的处理结果两两表决，至少有两组表决结果一致时才将处理结果输出到 DO 板驱动继电器工作或输出到 COM 板将处理数据再反馈给应用程序。在处理中，如果有一组表决结果与其他两组不一致，则本板处理结果不输出，当达到一定次数后本板断电；如果三组数据两两表决不一致，则都不输出，当达到一定次数后平台整体下电，导向安全。

三取二功能测试设计流程是：获取应用报文（定义为 3 种数据，0、1 和空值）发送给 MPU 板，MPU 板内部程序对应用报文进行处理，并两两相互表决处理结果，然后根据三取二的功能定义，输出表决结果，该工具获取表决结果并显示在界面上。其中，根据界面上选择的数据不同，会形成不同的测试场景，如选择 001，则表决结果输出为 0，当达到一定次数后，输入 1 的 MPU 板将下电，导向安全。

二、网口和串口通信功能测试设计

网口和串口通信功能是指外部数据通过 COM 板（每块 COM 板有 4 个网口和 4 个串口）将数据传输到 MPU 板，MPU 板上运行的应用程序对数据进行处理，然后将处理后的数据再通过 COM 板输出，其中两块 COM 板为热备。

网口和串口通信功能测试设计流程是：获取发送报文的类型（定义为 UDP 广播、UDP 组播、UDP 单播三种类型），收发数据的网口，发送报文的间隔，超时间隔和报文长度等参数，然后按这些参数组成不同的报文发送给 MPU 板，同时记录发送报文的内容、数量和序列号，MPU 板内部程序对应用报文进行处理并输出表决结果，测试工具根据接收的表决数据，逐一比对报文的内容和序列号，如果有一项错误则判为丢包，然后自动统计和实时显示每个网口的发包数、收包数和总丢包数。如果选择序列号比较，则只比对序列号不比对内容，以考验其数据处理能力；如果选择错误数据选项，则发送错误的报文，以考验其容错能力。同时测试软件可以部署在多个测试机上，保证测试机的性能不会成为数据处理的瓶颈。

三、DIO 驱动和采集功能测试设计

DIO 驱动和采集（简称驱采）功能是根据测试工具下发的断开或者吸合的指令 MPU 板驱动 DO 板工作，控制继电器处于断开或者吸合状态，然后 DI 板将继电器当前的状态回采，并判断驱动与采集的一致性，同时根据应用的需要，可以通过 GATE 板增加 DIO 的点数。

DIO 驱动和采集功能测试设计流程是：首先判断是手动驱采还是自动驱采，如果是手

动驱采，则读取驱动的点数范围、发送间隔和断开或者吸合指令，然后发送给 MPU 板，MPU 板上内部程序对指令报文和驱采进行处理，专用工具实时显示驱采的结果，如果驱采不一致则显示在日志框中；如果是自动驱采，则按一定的时间间隔循环发送断开和吸合指令，并覆盖定义范围内的驱动点数，剩余过程与手动驱采相同，这样可以保证平台一直处于工作状态，以验证平台的可靠性。

四、板卡工作状态和报警功能测试设计

板卡工作状态和报警功能是指 MPU 自动将各板卡的工作状态（定义为工作态、故障态和离位态上报），测试工具根据上报的内容实时显示其工作状态，如果是离位态则报警并记录发生的次数和时间。

本款专用测试软件从架构上包括两大部分：其一是可视化的友好、灵活界面；其二是应用测试软件。测试软件的设计创新之处在于，首先，不管是可视化界面，还是应用测试软件，都采用符合欧洲 EN50128 安全标准的技术以确保测试工具本身的正确性和可靠性；其次，可视化界面设计友好，易使用，测试参数可选可配置，测试项可单选、可组合，便于测试各种应用场景，提高了测试效率和工具的灵活性。上位机程序还采用了多线程和分布式技术，保证在大数据量处理时上位机性能不会造成瓶颈，同时实时显示测试结果和记录日志，使测试结果可信，这得到第三方认证公司的赞许；最后，应用测试软件采用了状态机技术确保采集 DI 数据的实时性和 COM 通信数据的实时性。

综上所述，三取二安全计算机平台测试工具是经过实践证明的第三方安全认证公司认可的一款测试软件，具有一定的设计创新性，不仅测试了该平台功能的正确性和系统可靠性，还为产品的开发节约了成本，缩短了研发工期。

第八节　软件测试在 Web 开发中的应用

Web 开发不仅存在于网页应用中，并且在促进计算机网络发展的过程中起到了很重要的作用，结合实际开发中遇到的开发质量及开发应用等问题，本节结合 Web 开发应用中的实际情况，分析了软件测试的特点、方法及必要性，有利于更好地促进 Web 开发。

一、软件测试对于 Web 开发的必要性

随着信息化的不断发展，以及 HTML5 和 Javascript 等开发语言的广泛应用，网页使人们的生活得到了极大的丰富。但是在 Web 的开发过程中，由于各种因素的影响，并不能使项目的开发质量得到很好的保证。基于这一目标，编程过程中及时地进行合理的测试，能够尽量避免项目上线后一些错误的发生，同时也能使程序员的工作效率得到更大的提

升。正因为如此，现在互联网产品开发的过程中，软件测试成为必不可少的一部分。同样在 Web 开发的过程中，软件测试也对提高其开发质量有着很重要的作用，所以对于 Web 开发来说，软件测试有着重要的意义。

二、软件测试与 Web 开发特点解析

（一）软件测试功能特点

在互联网相关产品开发的过程中，不论是软件开发、Web 开发、APP 开发，软件测试存在于整个项目的开发过程中，在确定开发目标之后，同时也需要针对开发目标、开发过程做出对应的测试计划。这样不仅能够保证产品上线后良好状态的运行，同时也能更好地满足用户的开发需求。软件测试目前根据特色分为代码质量检测和性能指标测试。

（二）Web 开发特点及容易存在的问题

互联网产品中，展现在大众眼前的，通常是可见的网页形式。Web 开发作为网页的实现方式，在信息技术不断发展的过程中，Web 的开发技术也越来越丰富，这使得工作者的工作效率和能力都得到了很大的提升，并且由于信息化的普及与软件可视化操作的发展，普通人员也可制作简单的网页。

三、软件测试在 Web 开发中的应用分析及优点

（一）代码质量检测

在 Web 开发中，项目质量的提高需要依靠代码质量的检测，在开发过程中根据编程语言的不同，尽可能独立安排测试人员对代码进行常见问题的排查。对于代码的融合性来说，代码的交叉测试有着重要的作用。项目开发初期既要为后期的测试进行准备，在开发人员进行项目编程的过程中，同时应安排对应的测试人员，这样才可以避免后期问题过多导致处理起来更加困难的情况发生。

（二）软件性能测试及计划制定的必要性

在互联网产品开发的过程中，为了保证项目的质量，需要按照科学的测试方式来进行。Web 开发中主要分为黑盒测试和白盒测试两种。黑盒在检测代码结构之外，还需要针对性地进行功能的检测等。白盒测试则要求测试人员在了解项目代码基础的情况下，针对代码框架和语言进行测试。测试需要根据一定的规范进行。

互联网技术发展至今，不管对于开发者还是客户来说，对于项目的要求，已经不只是实现功能即可，对于项目的代码质量也逐渐受到重视。所以在 Web 开发过程中，软件测试需要一个严格且全面的测试计划，通过计划对项目的实用性、安全性、稳定性、友好性进行多方面的测试，才可以使项目质量得到提高。在测试过程中，可以根据模块进行划分，

并且配合专业的测试人员进行测试，随后根据项目的开发流程，进行由单元化到集成化的测试，最后进行确认及系统的测试。通过合理的测试管理，配合专业的测试人员，使软件测试可以有条不紊且高效的进行。

（三）客户端及服务器性能测试

产品的最终使用对象为客户，或者客户的客户，那么就需要开发者在保证其功能正常使用的情况下，也需要有关于兼容性和稳定性方面的测试，同时对于内容展示是否正常、界面交互是否友好，表单提交信息的合格性都需要进行多角度的测试。根据不断收集到的测试结果对产品进行调整，使产品质量得到提高。

在保证客户端正常且稳定的运行之后，也需要对产品所在的服务器进行系统性能、应用程序、中间件服务器的监控，在保证服务器硬件正常的情况下，可针对性的在服务器上安装相应的监控软件，在软件测试的过程中，可以对应用程序、服务器性能进行分析，配合一些压力测试，根据分析结果进行产品调整之后使用户在使用产品时得到更加流畅的体验。

（四）安全性检测

互联网在人们生活中占据了极大的部分，使得任何开发者在进行产品的开发过程中，都需要保证产品的安全性，使得用户在使用的过程中不必担心个人的信息遭到泄露。在项目的开发过程中，软件测试需要不断配合开发者进行测试，检测开发者的编写方式是否规范，逻辑是否合理，同时检测内存是否得到及时的释放，这样可以从根源上减少后期项目上线之后可能发生的一些安全问题。

项目上线之前，软件测试存在于项目的整个开发过程中，项目上线之后，用户使用过程中，也需要时刻关注产品所在服务器的安全问题，针对性的做一些安全策略方面的设置或者安装防御系数较高的安全类软件，使用户在使用产品的过程中，不仅在客户端保证信息的安全性，同时如有需要提交到服务器上的信息也可以得到安全性的保障。

在 Web 开发过程中，软件测试工作可以在保证其功能完善的前提下，提高项目的开发质量，将规范且科学化的测试方法应用到 Web 开发中，可有效提高 Web 开发的效率。本节针对软件测试在 Web 开发中的应用，以及软件测试的特点，表明软件测试在 Web 开发过程中是必不可缺的部分。

第九节　智能电能表软件测试方法技术

随着科学技术的日益发展，电网的建设也变得逐渐完善起来，随之而起的就是电能表的智能化。人们越发的关注电能表的软件测试，因为电能表软件测试不仅可以将人们的用电条件进行改善，同时还能改变传统的电能检测方式，非常有效地将配电的自动化水平进行提高，减少人力物力浪费的同时还能够使电力的消耗降低，可谓是一举多得。电能表软件的功能包括了电能的计量，电能的在线管理和监管，电能的控制等，由此可以看出软件在电能表中的作用越来越大，软件的质量问题关乎电能表的质量及使用问题，所以电能表软件测试是使软件质量合格的前提和基础。

一、电能表软件测试现状及含义

如今，人们已经开发出电表软件并将其应用到现实生活中，但是针对软件的测试和质量评估并没有一个统一的标准。一般制造商对于电表软件没有一个有效的测试方法，他们大都依赖制造电表时的功能验证和软件调试，而不会对电表软件的代码进行白盒测试，所以也就无法完全保证电表软件的质量。由于目前并没有有关于电表软件测试的专业技术理论和方法，以至于电表软件可能会有在制造时并没有发现的问题，这种安全隐患对于日后电表软件的使用存在莫大的威胁。

目前，人们使用的电表软件大都是嵌入式系统软件，由软件和硬件这两部分所组成，但是软件是经由微处理器进行内嵌的应用程序，并不包括操作系统。

一般电表软件的测试包括了单元测试，集成测试，确认测试和系统测试。首先进行的就是单元测试，也就是指测试最小的软件模块来检查程序的模块是否正常的运作。在此期间，也应该对软件的源代码进行检测，具体是将白盒测试作为主要的测试手段，并将黑盒测试作为辅助技术手段。接下来是进行集成测试，即组装测试或联合测试，也就是将软件模块按照根据结构图等要求组装成系统或子系统，然后进行测试的过程。具体是将黑盒测试作为主要的技术，并将白盒测试作为辅助测试手段。第三步是确认测试，即指测试软件的性能，是否能够符合用户的需求。最后一步是进行系统测试，系统测试是将所有东西组合到一起形成一个计算机系统，测试在真实情况下软件的性能，强度，质量和安全等问题。而软件的测试方法则包括了静态测试，动态测试，其中动态测试又包括了黑盒测试和白盒测试。静态测试主要是进行非动态的执行程序进而找到代码中的错误，这也是一个对代码的质量的检验。动态测试则是利用测试用例来发现代码中的问题。

二、电能表软件测试技术

电能表的软件测试技术和普通软件测试技术既有相同的地方也有差异的存在。首先，要对电能表进行软件测试就要选定一个合理有效的测试环境，一般的测试都将在宿主机环境下进行，除非有特别指定的需要在目标环境下进行。并且如果电表软件的测试全都由人力进行完成的话，不仅耗费的时间长，效率低，还容易因为疏忽等关系造成测试失误等错失，所以在进行电表软件测试的时候，可以适当利用较为智能的自动化测试工具，这样一来不仅可以提高测试的效率，降低测试所花费的时间，还能够提高测试的准确性，确保软件的质量问题，而自动化测试工具则选用静态测试工具和动态测试工具两种进行搭配。静态测试工具包括了 Klocwork、Polyspace、C++Test、QAC 等测试工具。目前人们对于静态测试技术的研究越来越深入，可以使电表软件代码在静态即非运行模式下进行检测软件代码编码规则是否正确，检测软件代码的结构是否合理，代码的质量是否合格。而动态测试工具则包含了 RTRT、Tessy、Testbed 等。可将动态测试工具应用到单元检测，集成检测和系统测试中，其不仅可以自动构建测试所需要的环境，还能够自动生成测试用例，然后进行自主的软件测试，这样就能够做到检测电表软件在实际情况下运行中可能存在的问题，显著提高了电表软件的安全质量。

电表软件测试的流程是交叉测试，即第一步先进行单元测试，第二步进行集成测试，第三步进行确认测试，最后进行系统测试。将这些步骤完成后就能够显著提高电表软件的质量，为将来电表投入市场打下一个牢固的基础。并且电表软件在开发的时候应该备有详细的资料文件，这样才会对后期软件测试带来方便。

其实，在进行电表软件测试的时候，不要一味追求自动化检测工具，还应该完善整个电表软件测试体系。软件测试不是一时的举动，它是存在于整个软件的生命周期中的。在进行电表软件测试的前期，应该循序渐进，从静态测试开始，找出软件代码中隐藏的错误，然后再逐渐的由点到面，进行下一步的单元测试和集成测试。并且如今的人们每天都在不断地追求科技的进步，所以电表软件的测试也应该紧跟科技的脚步，引入成熟的自动化检测工具和技术，当出现新的检测工具和技术的时候，一定要将其尽快引用到电表软件检测中，搭建起一个电表软件的自动化测试平台。同时公司还应该制定一套电表软件的测试标准和规范，统一明确电表软件的测试规范，这样就能够确保电表软件的测试工作能够有序开展。

目前，还有很多公司对于电表软件的测试还只是流于表面，并没有专业化的测试技术和人才。所以应该组建一个专业化的测试团队，毕竟测试人员是否专业化则直接决定软件测试结果的质量。所以组建一个专业化的团队是非常重要的。

虽然目前已经存在关于电表软件测试的技术方法，但是各公司还没有进行具体的实施，对于电表软件的测试问题还有待提高。其实，在进行电表软件测试的时候引进自动化的检测工具是非常必要的，因为其不仅仅可以节约人力资源，避免人工检测时的疏忽，还能快速的发现软件中的缺陷，提高软件检测的效率，使电表软件的质量有一个显著的提升。

第五章　计算机软件应用

第一节　面向对象软件测试技术及应用

　　为确保软件质量，技术人员会在软件使用周期内，不断对其进行测试。而面向对象软件测试，是一种新型软件测试技术，将其应用到软件工程之中，为软件维护、设计以及开发带来了极大的便利。本节将对面向对象软件测试技术与该技术应用实践方式展开全面论述，旨在提升该项技术运用水平，促进国内软件测试技术的发展。

　　所谓面向对象语言是指，以对象为基本程序结构的软件程序设计语言。这种语言会以对象为中心实施描述设计，且程序运行时刻会将对象作为基础组成。而面向对象软件测试技术的诞生，主要是为了对软件问题进行发现，并实现对软件性能指标以及功能水平的检测，整体测试结果较为理想，目前已成为现代软件行业主要的研究对象之一。

一、面向对象软件测试技术

（一）测试角度

　　由于面向对象软件是以模型设计与分析为基础，进行内部结构构建的，整体模型要以系统需求为依据，从非正式表示开始逐步对模型进行构建。在完成模型构建之后，写实人员需要对模型进行实时检测，要确保模型运用语境、语法以及语义等内容的准确性与完整性。测试人员在对模型每阶段进行验证过程中，应对各阶段需求进行分析，检测其是否与组织需求相一致，以完成对模型需求的验证。而在安装与测试过程中，要对系统执行规范性进行重点审查；在进行维护过程中，要对系统进行重新测试，应确保系统中的更改部分与未变动部分都能正常运转。因此测试人员应不断对面向对象软件测试角度进行拓展，要按照软件开发过程，及时对测试观点进行调整，以保证软件测试效率的不断提升。

（二）设计与分析模型测试技术

　　在明确软件测试角度之后，技术人员就应开始着手展开对模型设计与分析技术的运用。由于面向对象模型打破了瀑布模型的限制，会通过面向对象设计、分析以及编排三阶段，实现对整体空间问题的描述，并会完成对面向对象的编辑，从而获得相应代码。在模型分析与设计过程中，技术人员会更加注重测试模式的一致性与完整性，主要会对测试主题、对象以及结构进行确定，并会展开实例关联测试与定义属性等测试。在测试过程中，测试人员会对模型中存在的问题进行查找与分析，并会通过指导性审查的方式，对系统缺陷进行检测与分析，从而为技术人员提供决策支持，以完成相应测试。

（三）系统测试技术

测试人员在运用类测试以及类层次结构等测试手段之后，能够为软件开发功能使用提供保障，但为确保系统整体运行情况，技术人员还要按照客户软件实际需求以及系统特性，建立起相应的系统测试平台，对系统开展全面性检测。测试人员不仅会对系统服务、对象以及属性进行测试，同时还要保证测试系统能够对问题空间进行完全体现，要对软件开发设计进行再次分析与确认。

在进行系统测试过程中，测试人员需要对以下几项内容进行检测：

1. 性能检测

该测试主要是为了对软件的运行性能进行测试，而这种测试往往需要和强度测试相结合，要按照软件检测标准，对性能检测指标进行确定，像传输错误率以及计算精度等都属于该检测内容。

2. 功能检测

该环节主要是为了查看软件是否与开发要求相符合，能否达到用户使用需求。

3. 强度检测

主要会对系统能力最高限度进行测试，要求对软件超负荷情况下软件功能开展水平进行明确。

4. 可用性检测

检测用户对于软件各项使用功能是否满意，整体操作是否高效、便捷，软件使用性能是否稳定。

5. 安全检测

该环节是要对系统保护机构进行检测，查看其是否可以有效排除各项干扰，对系统运行提供保障，并要通过科学手段，对系统安全保密功能进行检测，明确是否有漏洞存在。

二、应用实践

以 2017 年全国职业技能大赛"软件测试"赛项中使用的基于 B/S 的"资产管理系统"应用为例。在进行测试之前，参与竞赛的学生应对本次竞赛的测试目的、任务完成目标以及小组分工情况进行明确，并要对测试范围进行确定，以确保后续各项测试工作的顺利开展。

该系统需要进行测试的主要功能模块有登录、个人信息、供应商、品牌管理、资产类别、资产报废、等等，且由于该系统主要是为了对学生的能力进行检测，所以，系统具有数据量大以及表述方式较为繁杂等方面的特点，因此学生需要运用面向对象软件，对系统功能与性能进行测试。整体系统检测会按照模型设计复审、类测试、交互测试以及系统测试的顺序展开。其中在进行类测试时，学生会将信息中的类作为面向对象程序基本单位，并先对简单结构与实现类实施检测，将类基本要素作为主要测试内容，之后对具有组合、继承以及关联系统的类实施检测。

整体系统检测过程与传统系统检测较为类似，虽然该系统与数据数量较为庞大，但运用面向对象软件却可以在较短的时间内，高质量完成整体系统测试，不仅能够切实降低系统检测工作量，同时还能对学生的软件测试能力进行锻炼，检测结果较为理想。

三、结束语

目前所得到的面向对象软件测试技术研究结果仍然在不断更新与完善之中，而该项技术也会随着软件技术的发展而发展，会变得更加理想。因此测试人员应保持对该项测试技术的研究热情，要按照时代发展以及行业变化，合理对该项技术进行运用，使其具有的强大软件测试功能能够完全发挥出来，更加的应用到软件工程之中，从而为软件使用者带来更加优质的应用体验。

第二节　信息工程建设中软件测试的实际应用

信息工程建设中软件测试工作的有效应用，既能够确保网络平台存在的问题和潜在影响能够被有效识别，以便信息工程构建具备稳定性的前提；同时更能够为信息化技术的发展提供保障，根据当前信息化发展流程，为信息平台的构建提供更加完善的操作系统。本节根据信息工程及社会中软件测试的实际应用展开分析，在明确软件测试工作落实的先进性意义和测试分析方法的同时，期望能够为后续信息工程的有效构建提供良好参照。

一、信息工程建设中软件测试的意义

信息工程建设中软件测试工作是基于企业及单位网络平台构建需求提供的数据检测措施。在技术应用过程中，不但能够凭借软件测试工作的全面性，巩固信息工程平台构建的稳定性，并确保系统运行具备可持续化的优势，同时可以针对信息工程展开持续性的优化，确保能够在企业生产及单位资料管理环境中逐步提供信息保障，并且能够提升系统维修人员的工作效率，保障信息工程质量。由此可见，软件测试工作的开展有效维护了信息工程体系构建的稳定性，同时凭借软件中存在的问题，能够降低信息工程建设的风险，以此巩固信息工程运行水平，避免对生产工作与档案体系的构建造成影响。另外，软件测试工作的落实，能够准确对信息工程中存在的问题进行细致定位，以确保整体维修人员工作效率能够有效提升。

二、信息工程建设软件测试方法分析

另外，在软件开发工作之后，软件的交付工作必须针对软件质量进行细致测试，确保在对应软件功能方面能够有效落实且不会出现偏差，才能够确保软件开发工作落实完善，而后再根据软件其他性能展开测试，以此保障软件开发工作落实完善。期间，测试内容主要从用户档案、数据可移植性、软件框架可靠性，数据处理效率性，功能全面性等多方面分析，确定软件全面检测工作落实过后，便能够根据检测标准和等级参考进行完整评价，以便为后续软件更新与维护提供指向性参照。

例如，在软件测试工作落实之后，针对软件执行力与安全性应当细致测试，明确软件功能体系构建优势同时，还要应当针对软件系统进行模拟运行，而后凭借已经提供的软件应用，进行逐项检测，以便识别软件在现有环境中的运行优势。而后，可采取软件试运行的手段，明确软件可承载用户数量的状况，并针对设计环境落实数据传输等工作的测试，如此便能够确保整体软件运行的情况，并且在此基础上对软件响应时间与资源利用率有较为明确的认知，在与行业内其他软件性能对比之后，能够为软件开发工作人员提供更加细致的建议与客观的评价。

首先，在软件开发设计阶段，对软件质量的测试可以从技术评审与应用检查等多方面展开，确保评审参数和检查状况具备完善的制度参照标准，且评审过程按照正规流程操作，则能够保障整体软件质量测试工作基本落实全面。期间，在评测软件性能过程中，相关检测人员应当针对软件适用环境展开调查，明确软件审核的重点问题与要求，才能确保工作展开全面，其中包括研发人员、用户代表、管理人员与技术咨询人员等，均落实细致的问题调研，以确保软件开发质量评审满足客观与规范性的需求。其次，在检查流程中，现有检查措施通常为随机方式对软件开发阶段进行抽查，期间工作流程与记录应当由检查组长负责，以便软件开发中所遭遇的问题能够有效进行统筹，凭借体系的检测内容，更能够全面核对当前软件开发状况，以此落实对软件质量的评定，以便达到更好的软件开发效果。

三、信息工程建设中软件测试的应用

（一）安全性能的测试

随着测试技术的提高，在信息工程安全方面应用，可以保证信息工程建设的安全性，避免恶意系统的攻击，避免病毒的侵袭。进行信息工程建设过程中，开发出的软件会在投入运行中发挥至关重要的作用，当软件存在漏洞，那么运行就会存在风险，如果存在的漏洞较多，风险就会转变为企业的经济损失。但是应用先进的测试软件之后，可以对开发后没有投入应用的软件进行测试，及时发现软件中存在的漏洞和问题，进而对其进行弥补和改善，提高整体的性能。

（二）测试对象的转变

测试过程中评价一个软件的好坏主要有两个指标，延迟和丢包率。由于测试比较简单，当前已经不能满足用户的需求。在软件测试中，可以很容易地举出例子证明三层性能测试对信息工程设备的测试效果，这些也是在实际的应用中最容易被用户投诉的设备。设备传输能力对系统性能产生很大影响，属于非线性的影响，针对这一情况，在以后的发展中，必须强化对信息工程应用层的测试，这是工作的核心。结合这一理论，可以在应用层中融入不同的测试手段，使用比较先进的测试方法，例如进行邮件业务测试、门户网站测试、视频业务测试等，通过评测得知，这些都是以后的发展方向，也是以后实践中应用的主要方式，因此相关人员要加强这些技术的研究，争取早日投入使用。

（三）工作重点的转变

由于测试业务的发展，其测试重点开始转变，从单一的信息工程产品测试转变为信息工程系统性能测试，由此可见，在以后发展中测试重点将会发生改变。测试就是对软件的相关设备进行测试，导致很多用户对软件的认识存在误区，当信息软件通过了这种软件测试之后，就说明信息工程也通过了测试，但是实际并不符合这一逻辑，虽然软件通过了测试，但是所要建设的信息工程同样存在一定的问题。当工作不到位，没有对整体进行控制，投入使用后问题将会爆发，导致信息工程的稳定性不佳，甚至出现很大的故障。由于软件测试内容发生了变化，不仅仅对软件进行测试，要对信息工程的整体进行测试，解决信息工程中的隐性问题和显性问题，在以后进行建设中，以检测出的问题作为依据对信息工程进行合理建设，有针对性地进行问题处理，提高信息工程的安全性和稳定性。现代的软件测试是对整个信息工程系统的测试和反映，所以对信息工程建设的保障性更强。相关部门和工作人员将工作进行调整，明确以后的发展目标和工作要点，做好这些方面的检测工作，并根据检测后得到的结果对软件、信息工程进行合理化改进，提高信息工程的实用性，避免存在不安全问题。

信息工程建设中软件测试工作的有效落实，不但满足了信息工程构建可持续性的需求，为后续信息工程的构建提供了建设保障，同时可以稳定软件检测工作的开展，确保数据资料能够丰富当前数据库内容，以此制定更为完善的质量审核标准，为信息工程体系的构建提供保障。故而，在论述信息工程建设中软件测试的实际应用过程中，必须明确软件测试流程与相关内容，才能确保整体信息工程体系构建完善。

第三节 智能电视软件自动化测试系统的研究与应用

近些年，随着 Android 操作系统的发展与完善，其在手机、平板电脑以及智能电视等方面的应用也越来越广泛，而为了提高应用软件的质量，对 Android 系统的软件产品进行测试就显得十分重要。目前，自动化测试系统可以有效提升软件测试的效率与质量，对软件在投入使用之前存在的问题进行有效排查。并且因为智能电视中 Android 操作系统的应用也比较广泛，因此，在智能电视软件测试过程中应用自动化测试系统也比较值得推广。本节对智能电视软件自动化测试系统的实现进行分析研究，为智能电视软件自动化测试系统提供相关参考。

一、软件自动化测试的基本概述

软件自动化测试顾名思义就是利用测试程序对需要测试的软件进行自动化测试，其主要是通过在计算机系统设置相关的测试环境与测试程序，然后通过各种指令使计算机代替人工运行自动化测试程序，从而完成软件自动化测试的过程。软件自动化测试可以大大提高软件测试的效率与质量，节省人力、物力投入，对推动软件测试工作十分有利。但是在实际的软件自动化测试过程中，还存在以下问题需要测试人员加强注意：对软件自动化测试的效果期望过高。软件自动化测试的发展并不完善，自动化测试程序对软件存在的一些问题是不能有效测试的，此时还是需要人工对软件进行准确测试。但是很多测试人员认为自动化测试程序完全可以取代人工，对自动化测试程序的期望值过高，会影响软件测试结果。

二、智能电视 Android 操作系统概述

随着信息技术的不断发展与进步，智能电视是电视产业发展的必须阶段，目前，智能电视已经成为继计算机与手机之后的第三大信息访问终端，并且随着智能电视的生产技术的提高，智能电视的制造成本逐渐降低，这在很大程度上促进了智能电视的发展。智能电视的发展离不开操作系统的应用，目前，智能电视的操作系统主要有 Android、Windows 以及苹果 iOS 三大系统。其中 Android 操作系统在智能电视操作系统中的应用最广泛。Android 操作系统是一种以 Linux 内核为基础的开放源代码的、自由的操作系统，在智能手机、平板电脑以及智能电视中的应用十分普遍，是当前最流行的操作系统之一。目前，智能电视的主流操作系统也是 Android 系统，因此，在对智能电视软件自动化测试系统进行研究时，主要以智能电视软件在 Android 系统中的应用测试为主。

三、智能电视中蓝牙自动化测试的实现

（一）智能电视蓝牙软件自动化测试准备

蓝牙技术是一种支持设备进行短距离无线通信的技术，在智能手机、无线耳机、笔记本电脑以及遥控器等多种电子设备中都有所应用，并且支持这些设备之间进行蓝牙传输。而蓝牙技术也是智能电视软件应用中的重要组成，此次研究以对智能电视蓝牙软件的自动化测试为对象，分析智能电视软件自动化测试的应用过程与特点。在对智能电视蓝牙软件进行自动化测试时，要对蓝牙工作流程有具体了解，通常智能电视蓝牙设备进行无线数据交换时，开启蓝牙后，应用程序要完成以下工作：开启智能电视蓝牙软件的搜索功能对其他蓝牙设备进行有效搜索；搜索出需要连接的服务器，获取连接信息。另外，还要提前设定好智能电视蓝牙软件自动化测试环境参数，确保软件自动化测试能够顺利进行。

（二）智能电视蓝牙自动化测试执行过程

在智能电视蓝牙自动化测试过程中，首先要将需要测试的软件程序 TestBluetooth.apk 安装到智能电视机中的测试工程 bin 文佳夹中，然后将其复制粘贴到自动化测试平台 system/app 中，开始软件自动化测试。具体的测试过程如下：①在 PC 机终端安装 adb 驱动工具包。然后在 cmd 运行窗口中通过指令"adb connect ip"连接到测试使用的智能电视机，然后借助指令"adb devices"检测连接状态是否成功；②利用"adb push"指令将需要测试的 TestBluetooth.apk 推送到被测试平台上；③输入"adb install TestBluetooth.apk"指令将测试程序安装到被测试平台上，安装完成后，执行测试指令，开始软件自动化测试过程。

综上所述，利用自动化测试系统对智能电视软件进行测试不仅可以提高软件测试的效率与质量，并且对推动软件的市场应用有十分有利。在智能电视软件自动化测试过程中，测试工作人员必须根据软件设计的要点与使用要求按照相关测试规范对软件进行测试，确保软件测试的准确性与可靠性，对推动自动化测试系统在软件测试方面的应用有重要意义。

第四节 软件测试技术在金融软件中的应用

伴随着社会经济的发展和计算机技术的进步，金融软件被人们所接受，人们开始利用金融软件进行经济操作，同时，软件测试技术也逐渐在金融软件中大量应用。人们对于金融软件的关注度也开始提高，因此，如何使用软件测试技术来确保金融软件的有效性成为人们重视的话题。笔者在本节中着重分析软件测试技术在金融软件的应用问题。

软件测试技术的应用十分广泛，在我国，软件测试技术还处于成长阶段，因此，软件测试技术的应用还存在着一定的弊端，和发达国家相比仍然有很多不足的地方。而将软件

测试技术应用于金融软件是现有经济发展环境下的必然趋势，所以，将软件测试技术准确有效的应用在金融软件中成了我国研究的重要问题。

一、金融软件客户端测试

金融软件的客户端是面向于大众群体的重要平台，因此，对于客户端的测试成了软件测试技术在金融软件中应用的重要工作。下面将介绍软件测试技术在客户端中的测试应用。

（一）对客户端文档测试

文档测试在金融软件客户端测试中受到了很大的关注，对于客户端文档测试主要分为三个部分，第一部分是需求文档测试，测试软件的测试内容主要是需求文档中的逻辑矛盾以及技术的可行性；第二部分是设计文档测试，在这一部分，测试的内容主要是对软件文档的合理性进行测试；第三部分是帮助文档测试，在这一部分，主要是对帮助文档的内容进行测试，由于帮助文档是需要面向客户的，因此，必须要保证帮助文档的编写准确有效。

（二）对客户端 UI 测试

UI 测试的内容主要是对客户端的主界面的设计进行测试，UI 测试包括画面设计、文字校正等内容，对 UI 的测试需要保证交互性，从而使客户在客户端能够正常的使用金融软件完成相应的操作。UI 测试对于测试人员的要求比较高，需要测试人员有一定的审美素养，从而保证客户端的视觉体验良好。

（三）对客户端安全性测试

对于金融软件来说，安全性是十分重要的部分，因此，需要重视客户端的安全性。一方面测试人员要注重应用自身的安全，确保使用者只能访问部分的数据，另一方面，对于软件系统也需要保证相应的安全性，只有系统调试人员才能够对于系统进行更改。

（四）对客户端配置测试

配置测试在软件运行中十分重要，不同的软件环境中，对于软件的硬件不同。对于客户端配置测试，首先需要测试浏览器的兼容性，从而保证在不同的网络环境中，可以访问相应的网络内容，获得正确的网络信息；其次对于操作系统兼容的测试需要确保在不同的操作系统中可以正常地使用测试软件；最后是对于硬件兼容性的测试，硬件是测试软件的基础，因此，在需要通过相应的测试使软件在不同的设备中都可以正常的运行。

（五）对客户端安装测试

在客户端的安装中，需要保证软件在安装的各个环节中都可以完成安装，同时需要保证测试软件可以在正常安装后顺利地运行。对于客户端的安装测试需要从安装手册和安装代码两个方面进行全面的考虑。

（六）对客户端分辨率测试

为了给用户更好的客户端视觉体验，就需要保证客户端的分辨率比较高。通过对于客户端的测试，可以是客户端的画面适应分辨率，如果画面与分辨率不匹配就需要进行相应的分辨率调整，呈现更好的客户端画面。

（七）对客户端功能测试

功能测试是客户端的一个重要的测试工作，通过测试要保证软件的运行正常，功能完整，给用户更好的功能体验。

二、服务器端性能测试

（一）对服务器压力测试

压力测试的主要内容是提高服务器的压力，从而记录服务器相应的数据变化，了解服务器最大的压力承受程度是多少，从而在服务器的运行过程中将压力的大小控制在合理的范围之内。

（二）对服务器负载测试

服务器的负载是通过提高服务器压力承受时间，来测试服务器的最高承受能力，对服务器负载测试可以了解服务器的压力极限，记录服务器的数据。对服务器负载测试和对于服务器压力测试之间的区别在于，压力测试的核心在于服务器的压力的强度，而负载测试的核心在于服务器压力的承受时间。

（三）对服务器强度测试

对服务器的轻度测试要保证软件对于环境的承受能力，从而保证服务器稳定。在这种情况下可以减少服务器在异常情况下的崩溃现象的发生。对服务器强度测试对于服务器的正常运行有着重要的作用。

（四）对服务器大数据量测试

对数据大数据量测试可以了解服务器在数据传输数据较大的情况下所呈现的状况，大数据测试主要包括服务器运行中的大数据测试与服务器历史大数据两种测试方法，来检测服务器数据的应对能力。

软件测试技术在金融软件中的应用有着十分重要的意义，在我国未来的金融软件发展过程中仍会不断地完善软件测试技术，更好地促进软件测试技术的发展。通过向其他发达国家学习先进的软件测试技术，来提高我国金融软件市场中的软件测试技术，实现金融软件的最优化。

第五节　软件无线电技术在移动通信测试领域的应用

近年来，随着我国科学技术的不断发展，我国经济发展也得到了飞速的进步，其中移动通信技术更是得到了飞速的提升，在人们的生活生产中移动通信发挥着尤为重要的作用，并且成了人们生活中不可或缺的重要组成部分。然而，在移动通信领域中，还存在频谱分布不合理、使用效率低的问题，并且容易受到各种因素的影响，对此，为了更好地保证移动通信质量和效率，就需要合理的应用软件无线电技术，将软件无线电技术应用在移动通信测试领域中可以使得测试仪器更加规范化、模块化、科学化，进而提高测试的精准度和可靠性。本节就对软件无线电技术在移动通信测试领域中的应用进行详细分析。

移动通信是人们生活生产中重要的组成部分，并发挥着重要的作用。随着科学技术的不断发展以及时代的不断进步，人们对移动通信提出的要求越来越高，在时代发展需求不断提高的背景下，4G/LTE/WiMax 等通信制式相继应运而生，而这种多模、多频段、多功能的通信制式也给无线基站和终端的研发及测试带来了新的挑战。随着新的通信标准不断推出，再加上无线通信市场的快速变化，都在很大程度上提高了对测试的要求，而如何满足测试要求是当下移动通信企业需要重点考虑的问题。为了更好地提高移动通信测试质量和效率，就需要加强应用软件无线电技术，软件无线电技术在提高测试效率以及降低测试成本方面发挥着重要的作用。

一、软件无线电概述

软件无线电技术简单来说就是采用现代化软件对传统的纯硬件电路进行操纵和控制的无线通信。传统的硬件无线电通信设备只是作为无线通信的基本平台，而在软件无线电技术的支持下，许多通信功能都可以由软件来实现，这也是软件无线电技术最大价值的体现。软件无线电的基本思想就是将宽带模数变换器以及数模变换器与射频天线相靠，并建立一个通用开放的硬件平台，在硬件平台中利用软件技术来实现电台的各种功能模块。软件无线电技术可以通过软硬件结合使得设备、终端具有可配置的能力，在软件无线电技术的支持下，可以实现段多模式、多功能、多频的无线通信测试。所以软件无线电在移动通信领域中有着较为广泛的应用，尤其在移动通信测试领域，也发挥着重要的作用。

二、软件无线电结构组成分析

想要合理的应用软件无线电技术，使得软件无线电技术充分发挥其作用，就必须对软件无线电的结构组成有所了解。软件无线电技术的基本组成包括天线、多频段射频变换器、处理器、储存器等，这些组成部分在软件无线电技术的应用中都发挥着重要的作用，每一个部件都是帮助无线电技术实现其所需要的接口功能的关键所在。就软件无线电主要构成单元天线而言，由于软件无线电要支持多种通信标准，所以对频宽有着一定要求，目前软件无线电多采用组合式的多频段天线以此来满足在很宽的频宽内工作。就射频变换器而言，射频前段包括低噪音放大器、滤波器、功率放大器。与传统无线电相比，软件无线电的数模和模数与射频段更加接近，其中 DSP/FPGA 也被高速的 DSP/FPGA 所代替，通过结合做数字化处理，可以更好地提高软件无线电技术的有效性，进而促进软件无线电技术在应用中充分发挥其作用。在软件无线电技术支持下，不仅可以使用一个 BF 模块，也可以实现横跨多个频段。就目前来看，软件无线电的主要技术包括高速宽带 A/D 变化、并行 DSP 处理、职能天线技术、宽带变频技术等。软件无线电与传统无线电有较大的差异性，比如相比传统无线电而言，软件无线电具有很强的开放性和灵活性，这也是软件无线电的优势所在。

三、软件无线电关键技术分析

（一）宽带 A/D 变换

软件无线电技术中宽带 A/D 变换是一项非常关键的技术内容，在软件无线电技术应用中，一个较为显著的特征就是数字模拟信号转换器靠近射频端，其中数字模拟信号转换器就是 A/D。中频信号的带宽一般为几十兆赫兹，在中频阶段实现模拟信号数字化中，对于抽样频率、动态氛围有着较高的要求，而由于 A/D 变换设备容易受到不确定因素影响，所以在实际应用过程中为了保证抽样频率及动态范围，会选取 2.5 倍的宽带来完成信号转换。就目前来看，大多数无线通信标准都工作 VHF、UHF 频段，如果直接进行 A/D 变换还存在一定的困难，所以一般都是先处理为中频输出，然后在由 ADC 数字化。

（二）数字中频技术

数字中频技术也是软件无线电中的一项关键技术。就目前来看，随着宽带无线通信技术的不断发展和成熟，对无线设备数字中频带宽和通道数的要求也在不断提高，在此背景下，DSP 处理器的缺陷就逐渐暴露出来，在实际应用中 DSP 也无法满足相应需求，因此，引入数字中频处理是减轻 DSP 处理负担的关键。数字中频技术较为复杂，其中包括数字上变频、数字下变频、数字预失真等。数字上变频主要是通过插值滤波形成高速率信号，最终进行 A/D 变换。在软件无线电技术应用中，数字下变频是 A/D 变换后的数字信号处理器。

（三）高速数字信号处理

软件无线电技术应用中，高速数字信号处理是尤为重要的组成部分，在软件无线电中，基带处理、调制解调、解码都是高速数字信号处理。近年来，随着科学技术的不断发展，高速数字信号处理技术也有了很大的进步，并且越来越成熟。在高速数字信号处理技术的支持下，可以有效满足高带宽、高速的运算处理工作需求。可编程数字信号处理一般有 DSP、FPGA、FIR 专用芯片、储存器、接口这五个部分组成，其中 DSP 是核心部分，为了保证高速数字信号处理的有效性，应该根据实际应用条件科学合理选择 DSP 芯片。

四、软件无线电技术在移动通信测试领域的应用

随着软件无线电概念提出后，软件无线电技术受到了各个领域的关注和重视。在软件无线电技术不断发展下，软件无线电技术的应用也越来越广泛，比如在军事领域、民用通信领域、移动通信测试领域中都有了广泛的应用，并且发挥着重要的作用。

（一）个人移动通信

近年来，随着时代的不断发展以及移动通信技术的不断进步，移动通信已经成了人们生活中重要的组成部分，同时人们对通信技术的需求也在不断增加。为了更好地满足人们的需求，新通信体制相继诞生，而新通信体制必然会出现与老通信体制并存的局面，这样一来就是的通信系统更加多样化和复杂化。为了使软件无线电技术能够更好地满足人们的需求，就需要寻找更加具有拓展力的个人移动通信系统。比如可以采用无线电结构的蜂窝移动通信系统，该系统就是软件无线电技术应用的体现。该系统主要是由软件来定义功能，并且该系统对硬件的要求也比较简单。蜂窝移动通信系统在测试中的应用，首先应该对检测传播的途径与可用的传输信道进行区分，然后根据实际需求选择合适的功率与合适的信道调制，最后才能够进行发射。

（二）通信测试仪器

就传统无线电技术来说，随着时代的不断发展，以及人们对通信技术要求的不断提高，ADC、FFT 硬件、DSP 显然无法满足发展需求。就目前来看，虽然实时频谱仪能够实现对基带部分的数字化，但是对于移动通信测试来说确实十分不便。因此，SDR 要求 A/D、D/A 器件尽可能靠近天线射频端，从而实现信号更早数字化。近年来，随着通信技术的不断发展，高性能的 ADC、FPGA/DSP 等器件纷纷被推出，在软件无线电技术的应用下，数字中频频谱仪也得以实现。与传统中频频谱仪相比，数字中频频谱仪可以直接通过 AD 器件实现模数转换，同时通过使用数据处理方式，最终完成输入信号频谱计算。

（三）军事通信

就军事通信而言，在移动通信方面需要保证海陆空三军的通信互不干扰、互不影响，因此，就必须是的海陆空三军的工作频段各不相同，对此为了更好地保证军事通信质量和效率，就需要应用到软件无线电技术。就目前来看，在移动通信领域中，软件无线电技术的应用已经十分广泛，比如在 3G/4G/LTE 等基站中，软件无线电技术都发挥着重要的作用。

但是在不同的基站中，软件无线电技术的应用在细节上还是存在一定的差异。现如今，电子战可以说已经覆盖了整个无线频段，这样一来电子战的频段就十分宽，但是需要等待处理的信号类别也比较多，所以电子战的工作往往都是被动接受的。为了更好地提高军事通信质量，避免对军事活动造成影响，就需要研究出作战能力宽、频段宽、适应性好的波形，只有这样波形能够具有良好的适应能力以及对地方信号的识别能力。而想要满足这些就需要加强软件无线电技术的应用。

随着通信标准的不断提高和演进，对移动通信测试领域的要求也相继不断提高，因此，为了满足时代发展需求，更好地促进移动通信测试领域的发展，就需要加强软件无线电技术的应用，通过应用软件无线电技术可以促进移动信息测试更加规范、科学、精准，这不仅能够促进我国移动通信的良好发展，同时也能促进我国经济信息技术水平得到提高。

第六节　三部综合管理平台的软件测试研究与应用

计算机的蓬勃发展致使利用软件管理系统来代替大量的人力劳动，实现低投入、大回报的效果，因而受到企业的青睐。软件开发成了新兴的行业，同时对软件的质量也有了一定的要求，由于人们对软件质量的重视程度越来越高，就导致了软件测试在软件开发中的地位越来越高。"三部综合经济管理平台"是一套综合性经济管理平台，它包括：经费预算管理、科研经费管理、合同管理、技改经费管理、军品价格管理、型号概算管理、平台设置七个模块，是目前市场上比较有代表性的一套综合经济平台。本节的经济管理平台是在 W indow s XP 环境下，采用 Java 编程语言，O racle 10g 作为后台数据库而实现的。从测试环境，测试需求分析，测试方法，性能测试几个方面阐述测试技术在系统中的应用。

软件测试是软件开发过程的重要组成部分，是用来确认一个程序的品质或性能是否符合开发之前所提出的一些要求。软件测试的目的，第一是确认软件的质量，其一方面是确认软件做了你所期望的事情，另一方面是确认软件以正确的方式来做了这个事件。第二是提供信息，比如提供给开发人员或程序经理的反馈信息，为风险评估所准备的信息。第三软件测试不仅是在测试软件产品的本身，而且还包括软件开发的过程。如果一个软件产品开发完成之后发现了很多问题，这说明此软件开发过程很可能是有缺陷的。因此软件测试的第三个目的是保证整个软件开发过程是高质量的。

一、测试环境

（1）硬件简介。本系统采用主频至少 1GHz、内存不低于 512MB、硬盘空间至少为 40G，是由于本系统的测试环境为要安装 Oracle 10g 并且还要安装性能测试工具 Load Runner 8.0，而 Oracle 10g 和 Load Runner 8.0 的运行需要占据很大的内存空间，除此之外

Oracle 和 Load Runner 的安装源文件和数据库的备份文件等的要求使得硬盘空间不可太小。

（2）软件测试环境。Quality Center 9.0 是运行在 Windows XP 环境下的缺陷管理工具。Quality Center 9.0 是 Mercury Test Director 的升级版，大大提高了工具对用户的自己定制功能的要求。Oracle 的关系数据库是世界第一个支持 SQL 语言的数据库。Oracle 数据库 10g 是第一套具有无限可伸缩性与高可用性，并可在集群环境中运行商业软件的互联网数据库，具有 400 多个领先的数据库功能，在集群技术、高可用性、商业智能、安全性、系统管理等方面都实现了新的突破。Oracle 开发工具套件 10g 是一套完整的集成开发工具，可用于快速开发使用 Java 和 XML 语言的互联网应用和 Web 服务，支持任何语言、任何操作系统、任何开发风格、开发生命周期的任何阶段以及所有最新的互联网标准。

二、测试需求分析

（1）需求类型。什么是需求？ IEEE 软件工程标准词汇表（1997 年）中定义需求为：用户解决问题或达到目标所需要的条件或权能，系统或系统部件要满足合同、标准、规范或其他正式规定文档所需具有的条件或权能。但是需求不尽包含通常意义上的产品功能，而且包括行业规范中定义的标准。通过对"三部综合经济平台"概要说明书的需求分析，完成了系统的测试需求分析，作为以后测试的依据。测试需求分析说明中完成了经费预算管理、科研经费管理、合同管理、技改经费管理、平台设置模块的需求分析。

（2）需求跟踪。需求跟踪使你能跟踪第一个需求在软件生命周期的全过程，即从需求源到实现的前后生存期。为了实现可跟踪能力，必须统一地标识出每个需求，以便能明确地进行查阅。客户需求可向前追溯到需求，这样就能区分出开发过程中或开发结束后由于需求变更受到影响的需求。这也确保了需求规格说明书包括所有客户需求。同样，可以从需求回溯相应的客户需求，确认每个软件需求的源头。

三、测试方法

（1）黑盒测试方法。黑盒测试顾名思义就是将被测系统看成一个黑盒，从外界取得输入，然后再输出。整个测试基于需求文档，看是否能满足需求文档中的所有要求。黑盒测试要求测试者在测试时不能使用与被测系统内部结构相关的知识或经验，它适用于对系统的功能进行测试。"三部综合经济平台"主要运用黑盒测试方法。黑盒测试也称功能测试或数据驱动测试，它是在已知产品所应具有的功能，通过使用整个软件或某种软件功能来严格地测试来检测每个功能是否都能正常使用，而并没有通过检查程序的源代码或者很清楚地了解该软件或某种软件功能的源代码程序具体是怎样设计的。在测试时，把程序看作一个不能打开的黑盆子，在完全不考虑程序内部结构和内部特性的情况下，测试者在程序接口进行测试，它只检查程序功能是否按照需求规格说明书的规定正常使用，程序是否能适当地接收输入数据而产生正确的输出信息，并且保持外部信息（如数据库或文件）的完整性。黑盒测试方法主要有等价类划分、边值分析、因果图、错误推测等，主要用于软件确认测试。"黑盒"法着眼于程序外部结构、不考虑内部逻辑结构、针对软件界面和软件功能进行测试。通常测试者在进行测试时不仅使用肯定出正确结果的输入数据，而且还会使用有挑战性的输入数据以及可能结果会出错的输入数据以便了解软件怎样处理各种类型的数据。

（2）白盒测试方法。白箱测试或白盒测试（White-box testing 或 glass-box testing）也称结构测试或逻辑驱动测试，它是知道产品内部工作过程，可通过测试来检测产品内部动作是否按照规格说明书的规定正常进行，按照程序内部的结构测试程序，检验程序中的每条通路是否都有能按预定要求正确工作，而不顾它的功能，白盒测试的主要方法有逻辑驱动、基路测试等，主要用于软件验证。白盒测试是通过程序的源代码进行测试而不使用用户界面。这种类型的测试需要从代码句法发现内部代码在算法，溢出，路径，条件等等中的缺点或者错误，进而加以修正。它在测试时能够了解被测对象的结构，可以查阅被测代码内容的测试工作。它需要知道程序内部的设计结构及具体的代码实现，并以此为基础来设计测试用例。

读了代码之后可以知道，先要检查一个字符串是否为空，然后再根据播放器当前的状态来执行相应的动作。可以这样设计一些测试用例：比如字符串（文件）为空的话会出现什么情况；如果此时播放器的状态是文件刚打开，会是什么情况；如果文件已经在播放，再调用这个函数会是什么情况。也就是说，根据播放器内部状态的不同，可以设计很多不同的测试用例。这些是在纯粹做黑盒测试时不一定能做到的事情。

白盒测试的直接好处就是知道所设计的测试用例在代码级上哪些地方被忽略掉，它的优点是帮助软件测试人员增大代码的覆盖率，提高代码的质量，发现代码中隐藏的问题。

四、性能测试

（1）性能测试流程。"三部综合经济平台"性能测试流程为：测试需求分析，测试方案制定，测试环境、工具、数据准备，测试脚本录制、编写和调试，负载压力场景制定，测试执行，结果分析与定位问题，测试报告与测试评估。

（2）性能测试工具 Load Runner 的应用。Load Runner 是一种预测系统行为和性能的工业级标准性能测试负载测试具。通过以模拟上千万用户实施并发负载及实时性能监测的方式来确认和查找问题，Load Runner 能够对整个企业架构进行测试。通过使用 Load Runner，企业能最大限度地缩短测试时间，优化性能和加速应用系统的发布周期。

"三部综合经济平台"主要针对系统查询功能进行性能测试。

（一）测试脚本分配遵循的原则

（1）脚本越小越好，就像写 code 一样，不要太长尽量做到一个功能（Transaction）一个脚本。如果有些功能是连续的，必须先做上一个，才能工作下一个，那就只好放在一起了。

（2）但是要结合用户实际使用情况，一般在一个系统中是多个用户使用多个功能，某些功能使用的频率更大一些，我们在录制脚本之前就要设计好，某个脚本会跑几个用户，一共需要多少个脚本，能满足性能测试的需求

（3）有些人喜欢在 LR 中测试几乎所有的功能，其实这样不合适，我们把最常用的、使用频率最高的、最多人用的拿出来测试。

（二）LR 录制脚本

在录制脚本前首先要了解事务和集合点的概念。

（1）事务（Transaction）。事务是这样一个点，我们为了衡量某个 action 的性能，需要在 action 的开始和结束位置插入这样一个范围，这样就定义了一个 transaction，Load Runner 运行到该事务的开始点时，Load Runner 就会开始计时，直到运行到该事务的结束点，计时结束。这个事务的运行时间在结果中会有反映。

插入事务操作可以在录制过程中进行，也可以在录制结束后进行。脚本中事务的代码如下：

Lr_start_transaction（"登陆事务"）

/* 中间代码是具体事务的操作 */

Lr_end_transaction（"login"，LR_AUTO）

（2）集合点（Rendezvous）。集合点：是一个并发访问的点，在测试计划中，可能会要求系统能够承受 1000 人同时提交数据，在 Load Runner 中可以通过在提交数据操作前面加入集合点，这样当虚拟用户运行到提交数据的集合点时，Load Runner 就会检查同时有多少用户运行到集合点，如果不到 1000 人，Load Runner 就会命令已经到集合点的用户在此等待，当在集合点等待的用户达到 1000 人时，Load Runner 命令 1000 人同时去提交数据，并发访问的目的。

加入集合点之后，在后面运行过程中可以看到 VU 的状态，会等待集合。

（3）脚本参数化。脚本参数化过程：设置参数 - 〉创建参数 - 〉设置参数属性 - 〉提取数据 - 〉设置参数取值。

（三）创建运行场景

录制完脚本后，就可以把录脚本加入到场景里面去了，这里首先介绍一下 LR 的场景类型，LR 有 2 种大的场景类型：

（1）Manual Scenario。该项要完全手动的设置场景，这项下面还可以设置为每一个脚本分配要运行的虚拟用户的百分比，可在 Controller 的 Scenario 菜单下设置。

（2）Goal-Oriented Scenario。如果你的测试计划是要达到某个性能指标，比如：每秒多少点击，每秒多少 transactions，能到达多少 VU，某个 Transaction 在某个范围 VU

（500～1000）内的反应时间，等等，那么就可以使用面向目标的场景。

建立测试场景后，我们可以对 Edit Schedule 进行设置，设置测试开始执行的时间，对于手动设计的测试还可以设定它的持续时间，以及何时起用或禁止调用模拟用户。

（四）利用 Analysis 分析结果

LR 的报表分析功能也异常强大，有各种各样的报表，甚至可以将单个报表组合，也可以导出到 Excel 文件和 Html 文件。这里重点谈谈页面分解。

页面分解：

如果某个 transaction 的时间过长，为了分析问题出在哪里？就可以利用页面分解了，它可以把每个页面分解成：

DNS Resolution，Connection，SSL Handshaking，FTP Authentication，First Buffer，Receive，Client，Error

DNS 解析时间：浏览器访问一个网站的时候，一般用的是域名，需要 DNS 服务器把这个域名解析为 IP，这个过程就是域名解析时间，如果我们在局域网内直接使用 IP 访问的话，就没有这个时间了。

Connection：解析出 Web Server 的 IP 地址后，浏览器请求被送到了 Web Server，然后浏览器和 Web Server 之间需要建立一个初始化 HTTP 连接，服务器端需要做两件事：一是接收请求；二是分配进程，建立该连接的过程就 connection 时间。

First Buffer：建立连接后，从 Web Server 发出第一个数据包，经过网络传输到客户端，浏览器成功接收到第一字节的时间就是 First Buffer。这个度量时间不仅可以表示 Web Server 的延迟时间，还可以表示出网络的反应时间。

Receive：从浏览器接收到第一个字节起，直到成功收到最后一个字节，下载完成止，这段时间就是 receive 时间。

其他的时间还有 SSL Handshaking（SSL 握手协议，用到该协议的页面比较少）、Client Time（请求在客户端浏览器延迟的时间，可能是由于客户端浏览器的 think time 或者客户端其他方面引起的延迟）、Error Time（从发送了一个 HTTP 请求，到 Web Server 发送回一个 HTTP 错误信息所需要的时间）。

为了确认问题缘由到底是服务器还是网络，选择"Time to First Buffer Breakdown"，发现 network 时间比 Server 时间要高得多，从而确定问题是 network 引起的。

第七节　因果图测试法在地铁网络应用软件合格性测试中的应用

随着社会经济的不断发展，我国铁路事业也取得了显著进步，铁路交通能否正常运行，这与应用软件质量高低有直接关系，为了对网络应用软件有效测试，将因果图测试法应用其中。本节首先对这一方法进行了简要介绍，然后以 TCMS（长沙地铁 2 号线）为例，分析该方法在网络软件中的具体应用。

现如今，人们对地铁交通工具的使用要求逐渐提高，进而铁路部门要想及时满足乘客需要、确保乘铁安全性，针对地铁网络应用软件全面测试是极为必要的，因此，因果测试法有被及时应用。这对网络应用软件性能提升、地铁交通有序运行具有重要意义。

一、因果图测试法介绍

软件黑盒测试中的测试方法多样，本节应用的这一方法只是其中一种，该方法主要通过绘制因果图、生成判定表、用例分析来完成，具体操作有五步，第一步：针对软件进行说明了解，同时，明确原因（Ki）、结果（Ei）以及节点（0/1）的标识符；第二步：掌握语义内容，同时连接因果图；第三步：部分原因 - 结果受语法影响不会出现，进而对这类情况进行约束条件标明；第四步：依据状态条件实现因果图→判定表间的转换；第五步：有针对地设计测试用例。

Ki 与 Ei 间的关系具体表现为：Ki 出现，则 Ei 出现；Ki 不出现，则 Ei 不出现；Ki 出现，Ei 不出现；Ki 不出现，Ei 出现；多个 Ki 中仅出现一个 Ki，则 Ei 出现；多个 Ki 不出现，则 Ei 不出现；多个 Ki 出现，则 Ei 出现；多个 Ki 仅有一个 Ki 不出现，则 Ei 不出现。

Ki 与 Ei 间的约束条件主要存在互斥、包含、唯一、要求和屏蔽五种，并且每一种约束条件均用相应的符号来表示，依次为 E、I、O、R、M。

二、TCMS 应用软件分析

TCMS 在运行的过程中主要运用 DTECS 系统实现列车控制、信息显示、通信管理、故障分析和事件记录。它能够借助信号采集模块，根据已获得的操作指令和提示，对列车运行状态、运行计算全面掌握和分析，明确指出各个部件相应的操作指令，进而部件能够在指令的提示下实现车门系统、监控系统、供电系统、制动系统和信号系统间的数据交换。其中，列车网络监控系统需求规格：首先，司机室占用端现状。地铁运行后，被启动的钥匙信号即占用端，这时非占用端则为另一司机室。然后，司机室被占用的状态借助诊断系统进行信号传输，当 MMI 设备接收到这一信号后，列车方向指令能够通过模块采集、逻辑处理来生成，同时这一方向指令进行 DCU 设备传输。最后，地铁交通设备方向指令主要有三种：第一种为零位；第二种为向前；第三种为向后，在特定时间内仅有一种方向。

三、因果图测试法的具体应用

以上述 TCMS 网络监控需求分析为基础，应用因果图测试法进行应用设计。具体设计步骤如下：

（1）全面分析 1 车（TCMS1）和 2 车（TCMS2）网络应用软件，明确该软件的输入条件、Ki、Ei 和节点。输入条件和 Ki 表现形式为：TCMS1 钥匙方向、TCMS2 钥匙方向、TCMS1 方向向前、TCMS2 方向向后、TCMS2 方向向前、TCMS1 方向向后。节点状态：司机室 A 正常占用、司机室 B 正常占用、司机室 A 和司机室 B 存在占用冲突。Ei 种类：TCMS1 输出指令为方向向前并锁存、TCMS1 输出向前方向撤销、TCMS1 输出指令为方向向后并锁存、TCMS1 输出向后方向撤销、TCMS1 输出向前方向撤销、TCMS1 方向零位、TCMS1 方向手柄错误播报、TCMS2 输出指令为方向向前并锁存、TCMS2 输出向前方向撤销、TCMS2 输出指令为方向向后并锁存、TCMS2 输出向后方向撤销、TCMS2 输出向前方向撤销、TCMS2 方向零位、TCMS2 方向手柄错误播报。

（2）根据 Ki 与 Ei 间的关系，进行因果图绘制，同时明确显示约束关系。

（3）在分析因果图的基础上，对其进行判定表转换，其中，判定表数据能够为接下来的生成测试提供数据依据。

（4）全面分析判定表内容，与此同时，充分结合该地铁的软件测试环境，针对判定表数据有效处理，为测试用例提供编制依据。分别对 TCMS1 和 TCMS2 网络监控功能进行测试用例编制，确保所编制的测试用例与判定表相对应。

（5）在网络监控功能的引导和提示下，全面整合上述测试用例，并对不同输入组合形式及其对应的场景全面考虑，以此实现应用软件在不同环境下的测试检验，同时，记录不同环境下应用软件的响应表现。

四、测试意义

从上述因果测试方法在 TCMS 的应用中能够看出，网络应用软件存在测试复杂性，并且需要考虑的组合情况较多，应用因果测试法能够对上述复杂的组合情况全面覆盖，并且生成丰富的、可供参考的测试数据，进而促进所得的测试结果更全面、准确。此外，测试人员分析因果图的过程中，能够对软件需求全面了解和掌握，还能对设计和需求间的出入点具体分析，选择适合的组合关系，以此对组合关系中存在的不足问题有效解决。

综上所述，在地铁网络应用软件合格性测试中应用因果图测试法，这不仅符合现阶段地铁正常运行的测试需要，而且还能起到软件质量优化、地铁运行效率提升的重要作用，这对地铁交通工具持续发展具有重要意义。此外，还应对因果测试法不断深入研究，提高该方法在大量测试用例数据中的应用效果。

第八节 敏捷测试在软件项目中的应用研究与实践

为了更好地解决软件项目在测试中存在的问题，确保软件产品质量，在测试过程中引入敏捷测试的思路和方法。通过对敏捷测试的核心思路和关键法则的研究，提出了敏捷测试在软件测试中的应用流程和方法。该方法以测试驱动开发为主，传统测试手段为辅，符合敏捷开发中以用户需求为核心的理念，同时将开发过程中的周期性迭代方式更好地表现出来。通过敏捷测试在软件项目中的实践，总结出了敏捷测试的主要优势。

近年来，随着移动互联网、物联网、云计算等新一代信息技术的全面推广，软件系统的规模和复杂性日益激增，软件质量已成为软件开发过程中关注的重点。在一些对于安全性要求较高的领域，如航空航天、电子商务、电子政务等，对软件产品的质量要求更高。另一方面，随着软件产品的市场竞争日益激烈，用户对软件的使用体验要求越来越高，导致了软件产品功能需求变更频繁，加之软件的发布周期越来越短，当前传统的软件开发流程已无法满足当下市场竞争白热化给软件产品带来的严峻挑战。在传统的瀑布模型开发模式下，测试人员在一定的控制节点之前无法开展测试，因此产品缺陷无法尽早暴露，可以预见，这一阶段的软件版本缺陷数量必定是惊人的。与此同时，大量缺陷导致修复时间难以确定，版本提交测试的时间一拖再拖，留给测试的时间越来越少，软件的质量风险和版本发布的推迟，带来的损失将难以估量。

敏捷软件开发是基于一种更接近人类活动现实情况的方法论，采用以人为本、迭代、增量的开发过程，逐步满足软件不断变更的需求。敏捷开发提倡个人为团队所做的贡献，以任务为导向，通过积极地沟通和反馈保证随时都有可供交付的软件产品。敏捷开发更容易在项目早期控制缺陷数目，而敏捷测试在敏捷开发中更能充分发挥软件测试的重要作用。

一、敏捷开发中的软件测试

（一）敏捷开发

在传统的瀑布模型开发模式中，注重流程规范、文档齐全，从需求分析开始到产品发布，每个阶段都顺序开展，每个阶段都根据需要反复循环。开发过程和测试过程自上而下、相互衔接且次序固定。在这种开发模式下，需要大量的文档支撑，工作量巨大；用户只能等到开发过程的末期才能看到开发成果，如果发生了需求变化，则需要重新编写文档，可能将之前的工作推翻重来，费时费力又不能快速响应用户需求的变化，增加了软件产品的发布风险。传统的开发模型已经不能适应当前快速变化的用户需求。

敏捷开发则是以用户需求进化为核心，能快速响应用户需求变化的一种开发模式。这种模式下，开发和测试不再是各自独立的阶段，测试是软件开发的重要组成部分。敏捷开发使用一个"完整团队"的方法来保证软件产品质量，敏捷团队中的测试人员从客户角度充分挖掘需求，然后与开发团队合作，把这些需求变成可执行的规范，用于指导代码编写。随着测试和编码的进行与交互，不断建立软件的品质与能力，直到满足产品发布的要求。

（二）敏捷测试

敏捷测试遵循敏捷的基本原则，符合敏捷的价值观：

（1）个人和互动高于流程和工具；

（2）工作软件高于完备的文档；

（3）客户协作高于合同协商；

（4）变化响应高于计划遵循。

敏捷测试是基于敏捷开发的软件测试，传统的测试思想"通过在规定条件下对程序进行操作，发现错误，衡量软件质量"在敏捷测试中仍然适用。敏捷测试不仅是一种过程，更是一种理念。

（三）敏捷测试的特点

敏捷测试包括以下几个主要特点：①周期性的迭代开发方式。敏捷测试在迭代进行过程中首先要对产品有一个全局把握，从用户角度思考和分析软件产品，及时修正软件测试策略，创建应对的测试方法和思路，更新测试要点和用例，快速高效地完成测试执行，最终按时完成产品交付；②每日立会，密切沟通。敏捷测试中没有传统测试流程中完备的文档支撑，需要团队成员与客户保持沟通，团队内部则每天进行充分的交流，以确保测试人员和开发人员对用户需求有统一的认识，最终保障产品质量符合用户预期；③测试方法灵活多样，贯穿整个产品的开发过程。敏捷测试根据产品的成熟度采取不同的测试手段和方法，比如软件的新增功能或变更的功能，可以采用探索性测试方法；对于功能趋于稳定的部分，则尽量采用自动化测试的方法；④确保客户需求圆满实现。客户需求是敏捷开发中最核心的内容，敏捷测试同样需围绕客户需求实现来开展。

二、敏捷测试项目实践

（一）敏捷测试的流程和方法

某应用类软件产品在测试过程中采用了敏捷测试思想，引入新的过程和控制方法，摒弃传统测试流程中的各项烦琐的计划、文档、评审等教条式的控制过程，取而代之的是精简计划、动态更新和灵活迭代。

1. 用户需求

在这三个译本中发现的一词多译现象主要可分为五类：包括译者错误（不对等）、语义偏差（不对等）、法系差异（部分不对等）、表达差异（近似对等）、语法差异（近似对等）。

通过各种途径收集整理用户需求并尽快向项目团队成员发布；需求管理人员对用户需求整理并存档。

2. 项目（迭代）计划

通过评审确定项目整体规划和迭代计划，明确各阶段项目目标及迭代版本的验收标准。

3. 需求分解

根据项目规划和版本迭代计划对用户需求进行分解，将分解的用户需求映射到迭代的版本目标。

4. 需求分析

根据本次迭代的版本目标，开发和测试团队分别从各自不同的角度同时开展对用户需求的分析，输出开发需求列表和测试需求列表，通过评审进行明确。

参考项目总体迭代计划，在开发团队和测试团队充分沟通的前提下通过评审制定开发迭代计划及测试迭代计划。二者相对独立但又相互关联，敏捷开发的迭代过程较传统开发模式的迭代过程更高效、更灵活。开发迭代在整个项目周期中持续进行，不受测试周期影响而中断；测试迭代与开发迭代并行开展，测试 BUG 持续反馈，BUG 修复也同步进行。开发迭代和测试迭代的总体节奏保持一致。

5. 设计过程

根据迭代计划，开发团队和测试团队分别开展开发设计和测试设计，在设计评审中，开发团队和测试团队共同参与，分别就开发设计和测试设计进行充分的讨论，对设计的完备性、正确性提出各自的意见。

6. 提交与验证

①开发团队完成阶段迭代版本开发后就可以提交版本，以便测试团队尽早开始测试，提交版本后开发团队即可开始下一轮迭代开发。

②版本提交过程中，测试团队需要明确本轮迭代的验收目标及功能变更的影响范围，以便适时调整测试策略以指导测试。

③测试验证过程也是测试驱动开发的过程，测试中发现的 BUG 需要即时和开发人确认并反馈，确认的 BUG 将即时在下一个的迭代版本中修复。

④测试执行过程中的每日立会很有必要。每日立会由测试负责人主持，团队成员逐一汇报当前的测试工作情况，以便每位成员都了解项目的整体测试情况；同时每位成员都可以提出测试工作中的疑问或需要协调解决的问题，依靠团队的力量通过充分的讨论予以解决。

7. 测试小结（验收测试）

测试工程师对此次迭代的所有功能进行演示，确认测试产品已达到验收标准，同时对本轮迭代的产品质量风险及测试过程进行总结。验收通过后本轮迭代结束，测试团队开始进入下一轮迭代。

采用了敏捷测试的流程和方法后，该软件产品的开发周期较常规测试流程的周期缩短了 3 个月，提前达到了预期质量目标，正式向用户进行了发布。实践证明将敏捷测试应用于软件产品测试过程，可以较好地解决用户需求变化快、产品风险高的问题，同时还能快速抢占市场，这正好是敏捷测试的优势所在。

（二）敏捷测试的优势

敏捷测试相对于传统软件测试的优势主要体现在以下三个方面：迭代周期、软件质量、流程高效。

1. 迭代周期明显缩短

传统测试中开发和测试活动串行开展，开发和测试活动有较长的等待空白期，相互牵制导致迭代周期较长。敏捷测试中开发和测试并行开展，测试活动分布到项目开发的各个环节；测试驱动开发，缺陷可以快速修复，开发效率提高，因此迭代周期大大缩减。

2. 软件质量有效提升

敏捷开发模式下，所有的软件测试活动均围绕软件质量为目标展开。测试人员需要具备更高的专业技术水平，测试设计要更具灵活性、可扩展性和可维护性，这样才能快速响应用户和市场需求。敏捷测试中更多地注重产品用户体验并及时反馈产品质量问题，通过版本的持续集成和持续测试，实现版本的快速迭代，进而有效地提升软件产品的质量。

3. 流程精简高效

敏捷测试不必严格遵从经典的软件开发流程，不必因缺乏开发文档而止步，也不会因流程制约而浪费宝贵的时间。敏捷方法中流程是为软件开发服务的，当流程不能满足开发需求或与开发冲突的时候，流程需要适当地改变来适应开发。敏捷测试把用户故事（story）作为测试开发的基础，制订高效的迭代计划，通过灵活和组织和管理，实现测试与开发的并行协作，共同完成产品的质量目标。

敏捷开发中的软件测试应当遵循敏捷开发的基本原则，面对不同的开发方法和应用环境，软件测试方法也不同。敏捷测试作为从敏捷开发中成长起来的测试方法，与敏捷过程密不可分。在开展软件测试实践过程中，还会涉及测试用例的生成与覆盖标准、测试的充分性和有效性、不同阶段的软件版本测试关系，以及如何将传统测试中的一些方法应用到敏捷测试中等问题，需要深入探讨的问题仍然很多。

第九节 PLC 和组态软件在水泵机组性能测试中的应用

近年来，PLC 和组态软件在水泵机组性能测试中的应用问题得到了业内的广泛关注，研究其相关课题有着重要意义。本节首先对相关内容做了概述，分析了泵站水泵机组和配备电机实际选型，并结合相关实践经验，分别从多个角度与方面就影响水泵机组选型的电气因素展开了研究，阐述了个人对此的几点看法与认识，望有助于相关工作的实践。

随着 PLC 和组态软件在水泵机组性能测试条件的不断变化，对其相关课题提出了新的要求。因此有必要对该课题展开研究，以期用以指导相关工作的开展与实践。基于此，本节从概述相关内容着手本课题的研究。

随着现代电力科学的广泛应用，如何更好地优化利用电力资源，自然成了我们努力探索的目标。文章则以高明区七星岗泵站重建为例，结合泵站接入电力系统的方式，电压等级，进线回路数，机组单机容量和台数，供电部门的用电要求以及工程的总体布置要求等因素进行分析，探讨电力系统和水泵机组的选型以及两者之间的相互影响因素，希望可以通过实例来帮助人们更好地进行泵站机组选型工作。

一、泵站水泵机组和配备电机实际选型

（一）水泵机组选型

水泵机组，简单理解就是若干个功能不同、类型不同、型号不同的水泵，通过科学合理的方式搭配到一起，以实现抽排效益最大化的一个组合体，是泵站工程中不可或缺的重要组成部分。常见的水泵有离心泵、轴流泵、旋窝泵、混流泵等多个类型。而轴流泵的工作原理不同于我们所熟知的离心泵，它主要是利用叶轮的高速旋转所产生的推力来将水提起的，一般有扬程低、流量大、效益高、操作简单的优点，多适用于平原、湖区的排灌。在七星岗泵站重建过程中，水泵机组的选择，经科学严谨的数据分析设计复核比对后，选取 4 台 1200ZLB-85 型立式轴流泵作为泵站的主要泵型，主要具有效率相对较高、调度更为灵活、施工方便等优点。设计工作点参数为：单泵流量 Q=3.91m3/s，总扬程 H=7.51m，水泵效率 η=87.5%，轴功率 N=337kW，叶片角 +2 度，装机总容量为 1600kw，设计工况下排涝流量为 15.52m3/s，可满足实现中心城区远期 10 年一遇 24 小时暴雨一天排干不致灾的城市排涝目标。

（二）配套电机选型

在确定水泵机组机型的时候，如何科学选择和搭配水泵动力设备就成为我们必须思考的首要问题，需要我们将电力学、动力学等知识结合应用到水泵机组匹配电机的选型过程

之中，利用科学知识进行科学专业的配搭，争取选取的电机最为合理、最为高效，以此降低我们的工程成本和投入，也减少为配型不当而导致的各项额外支出成本，切实最大可能地提高水泵实际工况效率。按照《泵站设计规范》（GB50265-2010）相关要求，水泵的配套电机应该以水泵设计最高扬程工况下对应的参数确定电机配套功率。根据泵站设计报告中《机组选型报告》的计算成果，水泵叶片角 +2°，最高扬程工况时的轴功率为361kW。按设计规范电机应有 5% 以上的安全备用功率，结合近年新建泵站多选用同步电动机的情况，从方便其管理顺延性的特点出发，选用同步电动机（TL400-12/1430TH）型高压（10KV）立式安装同步电动机，备用安全系数 K=1.11，作为水泵的动力设备可满足规范要求且有一定余量。

二、影响水泵机组选型的电气因素

电力系统指由发电厂、送变电线路、供配电所和用电等环节组成的电能生产与消费系统，它的功能是将自然界的一次能源通过发电动力装置转化成电能，再经输电、变电和配电将电能供应到各用户。为实现这一功能，电力系统在各个环节和不同层次还具有相应的信息与控制系统，对电能的生产过程进行测量、调节、控制、保护、通信和调度，以保证用户获得安全、优质的电能，以下所提及的电力系统是指公共电网至七星岗泵站之间的用电线路段。

（一）电力系统的选择

电力系统的选择是否恰当，往往限制着水泵机组的最大功率和最大效率，也影响着水泵机组所含水泵的数量和型号。因此，我们在选择电力系统时必须慎重。在七星岗泵站重建的电力系统中，由于我们设计泵站总用电负荷 2000KVA，主要用电设备包括 4 台400KW/10KV 立式同步电动机、1 台 200KVA 配电变压器以及辅机和照明设施等。泵站建成后，我们至少需要一主一备两种供电方式。根据这些情况并结合实际的电网，我们将电力系统选择为主供电源接入点为 110KV 的仁德变电站，供电线路全长为 4KM，并且新建ZR-YJV22-3×240 电缆埋地敷设引至泵站进线柜，以保证泵站电力供应的正常和稳定，降低在供电线路设计和建设方面所需投入的成本和时间，也保证水泵机组的稳定运行。

（二）电气主接线

电气主接线的选择是指我们根据工程接入电力系统的方式、电压等级和进线回路数以及最为重要的水泵机组的数量和类型进行的接线方案的选择。在我们选择主接线方案的时候，既要考虑供电部门的用电要求和电力网络的实际情况，又要顾及工程的整体布置要求和布置特点，做出最为高效的电气主接线方案的选择。

常见情况下电气主接线方案分为两种：一种是通过单台变压器供电，将电气主接线分为 10KV 和 0.4KV 两级，分别设置 10 回路和 20 回路，也将变压器容量设置为 200KVA；

另外一种就是双站变方案，根据实际用电情况将变压器的供给分为单台和双台两种情况。这种方案下电气主接线也分为 10KV 和 0.4KV 两级，不同的是回路设置为 11 回路和 22 回路，使得两台变压器可以并列运行。这两种方案都各有其本身的优点和不足，经济投入成本也不一样，但是所带来的收益也是不可直接衡量的。这个时候，就需要我们运用电气科学的有关知识进行电气主接线的方案选择以保证水泵机组的正常运作。

（三）主要电力设备的选择

在我们进行电力设备选择的时候，我们要考虑多方面的影响因素。其中包括短路电流的计算和启动电压的计算。这两个影响因素是我们水泵机组选型的前提和基础，也是水泵机组选型合理性的一项重要验证，需要我们科学认真的对其进行计算。

另外，我们在选择主要电力设备的时候，需要考虑的设备也有许多。包括主电动机的型号参数、站用变压器的型号、高低压开关设备、电力电缆、励磁装置、直流装置等多个设备。这些设备是工程中的主要电力设备，也是水泵机组稳定运行的必要电力设备。无论是设计核算还是设备型号参数的选择工作，都离不开电气科学的专业知识，也离不开操作人员的专业素养。

以上就是我们根据高明区七星岗泵站重建方案设计和电气工程进行的实例分析，经过我们简单地分析和探究，我们可以很轻松的发现电气科学在选型中也发挥着它独有的、不可替代的作用，不断地帮助我们在水泵机组选型时给予我们最为专业的指导、最为科学的意见、最为广泛的研究经验。

通过对 PLC 和组态软件在水泵机组性能测试中应用的研究，我们可以发现，该项工作良好实践效果的取得，有赖于对其多项影响因素与关键环节的充分掌控，有关人员应该从其客观实际出发，研究制定最为符合实际的应对实施措施。

第十节　基于 B/S 架构的 Web 软件系统测试应用

软件测试是检验软件系统质量的重要手段，在不同环境下，软件系统的测试方法也有所差异。相比传统的软件测试，当前应用广泛的 B/S 体系结构软件系统测试有很大不同。该此类型的系统测试主要包括可行性测试、性能测试、功能测试、兼容性测试以及安全性测试等。

系统测试的目的主要是验证系统的功能和性能是否满足设计要求，发现系统的实际应用效果是否与系统定义相符合。系统测试是检验软件质量的重要手段，软件质量的检测一方面要检查软件的设计是否合理、编码是否准确，另一方面要看软件的系统测试是否全面。在软件开发和应用中，很多编码上的错误很难发现，只有通过后期的系统测试才能被发现，所以软件系统测试在保证软件质量方面有着重要作用。在不同的环境下，软件系统的测试方法也有所差异，本节就基于 B/S 架构的 Web 软件系统测试进行探讨。

一、基于 B/S 架构的 Web 软件系统

B/S 体系结构的应用原理是：用户通过浏览器将操作请求发送给网络上的服务器，服务器对接收的信息进行分析、处理后将用户所需要的信息发送至浏览器。相比二层的 C/S 体系结构，B/S 体系结构只是从客户机的任务中将事务处理逻辑模块分离出来，并单独组成一个任务应用层，该方式将负荷分配给 Web 服务器，可以极大减轻客户机的压力。B/S 架构的一个明显特点就是简化了客户端，只需要安装通用的浏览器软件，不需要在客户机上设置多个客户应用程序，所以整个系统安装过程非常简单，网络结构非常灵活，而且系统的开发和维护简单。B/S 体系结构的特殊性意味着系统的测试也需要采用不同的方法。基于 B/S 架构的软件系统以网页表单的方式进行界面展示，服务器承担了系统的大部分工作，客户端对后台服务的访问通过浏览器实现，而且只能够完成浏览、查询、数据输入等比较简单的功能操作，同时还采用 Cookies 形式保存用户信息。Web 软件系统的开发需要以 HTTP 协议和 HTML 为依据，这就决定了此类软件都要遵循统一的结构。

二、基于 B/S 架构的 Web 软件系统测试

基于 BS 架构的 Web 软件系统测试涉及多方面内容，包括可行性测试、性能测试、功能测试、安全性测试、兼容性测试，等等。相比传统的软件测试，基于 BS 架构的 Web 软件系统测试内容侧重点明显不同，测试过程需要用户参与，不仅要检查系统的运行是否按照设计要求，还要评价系统在各种浏览器上的显示效果，尤其要进行系统的安全性和可行性测试。

（一）系统可行性测试

可行性测试其实就是检测用户对系统的理解程度和使用效果，类似于系统的可操作性测试，涉及系统的功能、系统的发布、用户与系统的交互效果。系统可行性测试主要包括导航测试、图形测试、内容测试、界面测试等。

系统可行性测试方法：①通过页面走查的方式检查系统页面是否符合要求，测试不同分辨率下页面的显示效果，如果发现有不符合要求的地方应交给设计人员进行调整；②根据数据定义文档来检查表单项的内容设计效果；③通过浏览查看方式检测动态网页。

（1）导航测试。系统导航是对系统页面中用户操作方式的描述，可以在不同的连接页面之间，也可以在按钮、窗口等不同的接口控制之间。系统的导航测试主要是检测系统是否易于导航，系统导航的界面设计是否直观，是否可以通过主页面实现对系统主要内容的存取，系统是否需要搜索引擎或者网站地图帮助，另外还需要检测系统的页面结构设计、导航设计、菜单设计以及连接方式的风格是否一致，是否可以让用户通过导航直观地了解

系统的主要内容。

（2）图形测试。网页的构成主要包括两种元素，即文字和图片。图片在网页应用中有着重要作用：①美化网页；②进行广告宣传。但在系统运行过程中，网络传输的数据量是有一定限制的，所以网站的图片数量也不能无限大。图片在网页上的位置也有一定要求，不能随意放置，要符合页面的审美要求。图形测试主要是检测系统中图形是否具有应用价值，图形或者动画的放置位置是否符合要求，页面上的文字应用风格是否一致，页面的背景、前景以及字体颜色应用是否搭配，网页中图片的大小设置是否合适，图片的质量是否达到要求，以及图片的应用格式（一般是 JPG 或者 GIF 压缩）是否符合。

（3）内容测试。内容测试主要是用文字处理软件对系统文字信息进行检测，检验系统文字信息是否具有一定的相关性、准确性，信息是否真实可靠，信息是否存在语法错误或书写错误，是否能够在当前的页面找到相关的信息列表等等。

（4）界面测试。界面测试主要是检测用户在浏览 Web 应用系统时，对系统的整体界面是否感到舒适、直观，是否能够凭直觉找到信息，系统整体设计风格是否一致。

（二）系统功能测试

基于 B/S 架构的 Web 软件系统功能测试主要包括链接测试、表单测试、Cookies 测试、设计语言测试以及数据库测试，采用的方法主要有黑盒测试、白盒测试、边界测试或者越界测试。功能测试是验证产品功能是否与产品需求规格一致，不需考虑系统内部软件的实现逻辑。功能测试是系统测试最重要、最基本的内容，要求测试人员全面了解产品的需求规格和业务功能，设计出高效的测试方案。

（1）链接测试。链接的主要功能是实现页面切换，并引导用户找到所需要的页面。在基于 B/S 架构的软件系统中，链接是一个非常重要的特点，链接测试 3 个内容：①检测页面链接的准确性；②检测所链接的页面是否存在；③确定 Web 系统中不存在没有设置链接的孤立页面。

（2）表单测试。表单测试是对系统运行过程中，服务器所接收到的表单信息是否正确进行检测。例如用户在登录系统时需要填写用户信息，在表单中的用户名和密码条框中设置要输入数字的地方是否也可以输入字母，输入后系统是否会提示出错。如果表单采用了默认值，就需要对默认值的正确性进行检测。如果表单输入限定了某些值，则需要继续测试。

（3）Cookies 测试。Cookie 是指服务器暂存在计算机上的信息资料，主要用于存放用户应用系统时的信息。当用户浏览网站时，服务器会向用户的计算机上发送一些 Cookies 形式的资料，以便服务器能够很好地辨认用户的计算机。如果系统有 Cookies 应用，就需要对 Cookies 的功能和性能进行测试，检测 Cookies 是否正常工作，是否准确、有效地保存，是否受到系统其他操作的影响。

（4）数据库测试。数据库为系统的管理、运行以及数据存储提供空间。数据库测试主要是检测数据输出的准确性、数据的一致性。用户在提交表单时所填写的信息不正确可能导致数据一致性出错，网络速度过慢或者程序设计缺陷则可导致数据输出错误，数据输出错误和数据一致性错误是系统数据库发生的两个重要错误。

（三）系统性能测试

性能测试是保证软件系统质量的重要测试内容，涉及的测试内容较多，主要包括 3 个方面，即客户端、网络以及服务器端的性能测试。客户端性能测试包括数据量测试、速度测试、并发性测试等，主要检测客户端的应用性能；网络上的测试主要内容是利用相关技术进行网络预测、网络性能分析；服务器端的测试在于实现对服务器系统、设备性能的全面监控，可采用工具或命令进行监控。上述三者有效结合才能实现系统的高性能运行。性能测试常用工具有 webload、was、ewl 等。

（1）链接速度测试。链接速度测试是基于 B/S 架构的软件系统性能测试的重要内容。在基于 B/S 架构的软件系统应用中，软件的功能主要是通过服务器实现的，服务器将系统信息发送至客户端，客户端通过对信息的浏览实现各种应用操作。因此，基于 B/S 架构的软件系统对链接速度有很高的要求。如果系统对用户的页面访问需求响应时间超过 5s，则用户很可能因为没有耐心等待而放弃本次访问。一般情况下，系统网页的链接速度与入网的方式有很大关系，例如宽带上网、电话拨号上网等各种上网方式的链接速度各有千秋。当系统响应速度太慢时，用户往往还没有浏览到信息就需要重新登录，而且链接速度慢也是导致数据丢失的重要原因。

（2）负载测试。负载测试就是检测系统在一定需求范围内是否能够正常工作，例如系统允许多少用户同时访问，如果访问数量过大会出现什么情况。负载测试一般需要在实际网络环境中测试，因为在因特网上有足量的访问用户，才能获得准确可信的测试结果。

（3）压力测试。压力测试包括表单测试、登录测试以及其他信息输出情况测试。检测在一定访问数量压力下系统的反应，以及系统的压力极限和故障恢复能力，检测系统在较大访问压力下是否会发生崩溃。黑客在对系统进行攻击时通常会对系统提供错误的负载，让系统发生崩溃，并在系统重启时获得存取权，以此对系统实施攻击。

（四）客户端兼容性测试

系统的兼容性缺陷引起的问题往往比较微妙，很难被发现，系统的兼容性测试经常被忽略。系统兼容性测试方法一般是创建兼容性矩阵，测试过程中需要考虑以下几个问题：①系统能够在哪些操作系统环境下运行；②系统能够与哪些类型的数据库进行数据交换；③系统能够在哪些硬件配置环境中运行；④系统能够与哪些软件系统协同工作。客户端兼容性测试主要包括平台测试、浏览器测试。平台测试需要在系统发布之前进行，系统使用哪一种操作系统往往由系统的配置决定。同一应用可能在某些操作系统中能够正常运行，但却无法在其他操作系统中运行。浏览器测试主要是检测浏览器的显示效果。

（五）系统安全性测试

系统安全性测试主要是检测系统安全机制的有效性，验证系统内部的安全机制能否保护系统免受非法攻击。系统的安全性不仅是指系统能够抵挡住正面攻击，还要能经受来自侧面和背面的攻击，如此才能保证系统资源的安全性。系统安全性测试内容主要有：①对用户名和密码信息进行测试，检测系统对登录信息大小写是否敏感，对输入次数有没有限制，在没有登录系统的情况下是否能够直接浏览页面；②检测系统是否对登录状态有时间限制，用户登录后一段时间是否需要重新登录才能正常使用；③检测系统访问信息是否被写入日志，是否能追踪；④检测安全套接字中密码设置的正确性，以及信息是否完整；⑤检测服务器端脚本的管理应用是否设置权限，以免成为黑客攻击系统的漏洞。

本节从系统可行性测试、功能测试、性能测试、兼容性测试以及安全性测试等方面对基于 B/S 架构的 Web 软件系统测试进行了探讨。基于 B/S 架构的软件测试是一个复杂的系统工程，相比传统的软件测试有很大差别，整个测试内容要保证全面性、充分性，并扎实地完成系统测试，这样才能通过系统测试体现软件的应用效果，保证软件质量。

第十一节　QFD 在嵌入式软件测试运行剖面定义中的应用

嵌入式软件可靠性测试往往是基于运行剖面的，常用均匀分布或分段均匀分布的选取方式确定各个运行剖面输入变量的取值范围，这种选取方式使测试用例的生成和选择是随机的，不具备针对性，使用质量功能展开（QFD）方法能克服这种局限性。将需求优先级、测试成本、业务重要性等因素作为权重分配给嵌入式软件可靠性测试系统的运行剖面的输入变量，可提高工作效率，并且达到以质量为导向的测试目的。

相较于传统的软件应用程序，嵌入式软件系统具有实时性要求高、存储器资源有限、I/O 通道少、使用相对昂贵的硬件、涉及的 CPU 类型多等特性，因此与一般测试应用软件不同，嵌入式软件测试具有独特性。嵌入式软件可靠性测试经常用的一种方法是基于运行剖面的可靠性测试。传统方法中，运行剖面中输入变量的取值区间通常是均匀分布或分段均匀分布，这种取值方式导致测试用例的选取方式是随机的，没有针对性。本节提出在确定输入变量权重时应用质量功能展开（QFD）方法以提高工作效率和质量。

一、相关背景知识

（一）嵌入式软件测试的特点

在特定的硬件平台进行测试是嵌入式软件测试的一个显著特点。嵌入式软件开发环境与运行环境也有不一致的地方，所以测试时，即使在主机环境或描述目标环境中运行时没有发现软件问题，也不能根据此判定嵌入式软件是高可靠的。嵌入式软件的测试策略的开发，必须考虑到在主机环境分配给目标环境中的资源问题和策略。嵌入式软件开发测试时如果目标机系统硬件不能方便地获得，这就使得最后确认测试中提供目标硬件设备上有了弹性。成功进行宿主机/目标机测试的先决条件是软件的可移植性，采用宿主机/目标机测试策略可提高工作效率并且能实现以质量为导向。

实时性是嵌入式软件测试中的另一个重要特点。主要体现了嵌入式软件的执行需要对时间条件做一定约束。

（二）嵌入式软件的可靠性测试

一般使用两种方法来实现嵌入式软件的可靠性测试。

（1）从整个系统剥离出嵌入式软件，然后进行数学仿真平台测试。仿真平台通过测量和测试的一个逻辑描述可以实现物理地连接到彼此的软件系统，接着通过生成测试用例，通过仿真产生输入，最后，被测目标系统通过被调用来运行，得到运行的输出结果。

（2）使所测试的整个系统建立一个封闭的环境来完成测试，也称为交叉试验方法。交叉试验的优点是精度高，操作相对简单。交叉试验的一般步骤如下：首先完整地编写在主机上的测试代码，通过编译并下载到目标计算机，然后通过测试代理进行测试目标代码。由于测试工具部署在主机上，所以在目标计算机上的测试信息需要由主机和目标机来测试，然后再将信息上传到主机并最终用主机分析工具来分析测试结果。通过这种交叉测试环境，有时会大大增加测试费用。

（三）质量功能展开

质量功能展开（QFD）是把客户的原始需求转化为产品的设计需求、功能部件需求、工艺要求、生产要求的质量工具，对客户的原始需求进行多层次的演绎分析。使用 QFD可以帮助指导产品的健壮设计和质量保证。它主要的思想是通过"将客户的需求质量转换成质量特性"，确定产品的设计质量，通过确定各功能部件的质量，进而确定每个过程的质量和过程要素，系统地展开它们之间的关系。在质量功能展开中起重要作用的是由需求质量和质量特性构成的二维表。

QFD 的基本原理是用"质量屋"的形式，量化地分析客户需求与质量特性之间的关系影响程度，经数据分析处理后找出对满足客户需求影响最大的质量特性因子，指导人员抓住主要矛盾，开展稳定性优化设计，通过把最高的价值/费用比率的特性设置为最高的优先级，进而开发出满足客户需求的产品。

（四）基于运行剖面的可靠性测试

John Musa 在 19 世纪 30 年代初提出了基于运行剖面的方法，这种方法考察的对象就是运行剖面，因此称为基于运行剖面的可靠性测试。运行剖面是指对嵌入式系统使用条件的定义，即"嵌入式系统的输入值用其按时间的分布或按它们在可能输入范围内的出现概率的分布来定义"，为了达到互通的目的，连接软件用户以及软件开发设计人员之间重要的桥梁即是运行剖面。

二、应用 QFD 定义运行剖面

（一）通过质量功能部署确定影响因素的优先级

用 QFD 确定需求优先级主要可分为 5 个步骤：

（1）对原始信息进行收集并变换成语言信息。通过原型、需求访谈等方式对对象系统和用户进行调查，收集原始信息。经过一定的规则逐一对原始信息探讨确认，并变换成只含有一个意思的具体表现的语言信息。

（2）对语言信息进行分类。通过对语言信息的整理，将用户需求分类成功能需求、质量需求和其他需求。然后分析总体的功能需求，逐次抽出下层子功能点。确定某一功能需要怎样的输入和输出数据，逐一抽出数据项或者数据字典。

（3）功能数据二维表的构造。整理细化的功能点及其相应的数据，把功能和数据分别作为二维表的 X 因素和 Y 因素，探讨两者的关联，构造功能数据二维表。

（4）从功能需求抽出质量需求和质量特性。以功能项目为基础，从功能满足性、使用容易性、可靠性和适应性 4 个方面抽出质量需求。可以从功能性、可靠性、使用性、效率性、维护性和移植性 6 个方面抽出质量特性。

（5）质量关联表的构造。把质量需求项作为二维表的 X 因素，质量特性项作为 Y 因素，探讨两者的关系，构造二维表。在构造二维表时可以采用 AHP 方法对功能数据和质量表进行分层来构造。按其相互关系通过两两比较，通过行业专家对评价指标的判断来确定层次中各质量特性因素的相对重要性，进而给出每个因素的权值，在这个基础上计算出方案的综合排序，反复循环逐渐导出需求的层次结构，这些层次关系可以作为对各个需求的优先级的不同权重。

（二）运行剖面构建过程

嵌入式软件的可靠性测试通常通过嵌入式用户如何使用系统和使用频率来确定运行剖面。运行剖面描述了在实际运行时嵌入式软件的各项功能的使用概率。它的主要任务是在嵌入式软件可靠性试验中如何根据运行剖面在运行测试中的误差数据来确定最适合嵌入式软件可靠性的模型，进而使得到的可靠性指标更加准确。在实际使用中运行剖面取决于嵌入式软件系统的机型、功能、需求和相应的输入，以及进行分析的嵌入式软件开发可靠性和附加的嵌入式系统开发人员对这些模型的概率、功能、任务的了解程度。测试、分析的结果是否可信取决于运行剖面构造的质量。

传统的运行剖面输入变量的取值运行剖面可以看成是二维向量的集合，定义如下：

OpProfile= ｛（Element1，W1），（Element2，W2），…，

（Elementn，Wn）}

其中，Element 表示运行剖面中所包含的没有交集的元素，W 代表元素的权重或概率。

运行剖面允许使用不同的权重选择运行，根据有关规则测试用例的选择还必须确定输入变量或者软件运行环境变量的值。确定各个运行剖面输入变量的取值范围的常用方法是采用均匀分布或分段均匀分布的选取方式，这种选取方式使测试用例的生成和选择是随机的，不具备针对性。

（三）应用 QFD 建立运行剖面

嵌入式软件可靠性测试的基本思想是将资源集中在使用最频繁和最可能导致严重失效的功能上，并使测试尽可能按照实际进行，因此运行剖面的选择应结合以下几个方面来综合考虑：

（1）需求优先级的高低

根据用户对嵌入式软件系统的需求的优先级确定哪些测试是重要的或者优先级别是比较高的，在测试时投入相对多的资源。

（2）日常使用频率高、涉及用户面广的功能

用户使用频率高的功能点的测试更为重要，所以需要投入更多的精力并且可以让模拟环境更接近生产环境，这样可使测试效果更真实。

（3）能反映业务重要性指标的功能

根据业务重要程度和使用习惯对模块的优先级别进行排序，为了使用户培训及用户应用的过程更加高效，需要把业务最重要和使用最多的模块优先级别排在最高。

（4）测试成本因素、测试实施过程的简便性及可操作性

需要综合考虑测试成本的因素。测试用例选择越多意味着测试过程的复杂度越高、成本越大。从成本的角度分析，可以只选择其中的一种业务类型作为测试用例。还需要考虑测试过程的可操作性。某些功能很难搭建模拟环境进行测试，对那些可操作性较差的功能点将作为测试优先级较低的选项。

在每个层级的剖面都可以按照 QFD 的方法进行上述影响因素分析并赋值，赋值后的数字代表针对嵌入式软件执行时间的权重或概率。在运行剖面给定的输入变量的取值按照上述方法的权重代入公式，根据运行剖面生成测试用例的过程来实现对某一功能的测试。

本节提出基于 QFD 应用到运行剖面输入变量的权重确定，其通过 QFD 分析影响嵌入式软件可靠性测试的因素，建立需求优先级、业务重要性、测试成本等因素的二维表，通过二维表中的这些因素作为嵌入式软件可靠性测试系统的运行剖面的输入变量的权重或概率予以分配，来提高工作效率并且达到以质量为导向的测试目的。

第六章　计算机软件应用

第一节　嵌入式软件在计算机软件开发过程中的运用

伴随着经济和技术不断发展，人民越来越离不开现代化计算机技术，现代化技术的改善为生活带来了巨大变化。人们可利用计算机软件进行无纸化办公、准确计算以及自动化生产，将信息资源共享于全国各个范围。计算机系统必须通过浏览器为人们提供上网服务，而计算机核心是计算机软件，因此开发计算机软件具有重要意义。

随着科学技术不断进步，信息技术的发展，促使在计算机开发过程中占有重要地位。在实践中科学应用嵌入式软件，不但取得满意的软件技术，同时作为软件开发计划和软件设计，能够明显提高开发计算软件的能力。本节主要介绍计算机软件开发技术，并对嵌入式软件的应用进行分析。

一、应用计算机嵌入式软件的价值

（一）计算机软件的应用

嵌入式计算机系统的主要特征是功能强大、结构繁杂和硬件与软件之间相互转换，嵌入式计算机系统的功能能够实现软件和硬件之间相互结合，体现出嵌入式计算机系统的强大。实时嵌入式软件在嵌入式计算机软件中广泛使用，当操作许多任务时，计算机多功能操作系统一般是将多个任务同时处理。使用嵌入式软件过程中，因其可以把嵌入式计算机软件应用在系统中，利用分层结构确保计算机硬件系统能够处理多种任务，保障计算机系统的质量。嵌入式计算机系统在计算机软件开发设计过程中，还可以使用中断处理和上下文交替的方式对资源进行分配，提高计算机软件的质量。

（二）嵌入式软件的价值

嵌入式计算机软件内部结构是硬件层、运作层、应用层以及驱动层，设计者在开发嵌入式计算机过程中，编码的设计被应用在软件操作系统中能够实时处理和应用处理一切操作软件，也可以对软件进行遥控器处理，与一般的计算机软件相比嵌入式软件具有优越性，使用嵌入式计算机软件系统，有效地确保软件的可靠性、操作性以及安全性。根据使用嵌入式计算机系统的效果发现，客户在使用时系统的使用功能得到有效保证，满足客户操作需求。计算机设计者主要对硬件和软件这两部分内容进行改善，软硬件设计是嵌入式计算机系统的综合体，不但包括网络技术、机械技术还包括开发运作技术以及高含金量技术。软件技术合理结合机械技术改善了开发计算机软件技术，而且可以使软件系统的操控能力得到提高。计算组组件属于 PC 系统内部主要有处理器、编码、I/O 端口和微处理器等。

二、开发嵌入式软件的步骤和构造

（一）设计嵌入式软件系统构造

设计计算机嵌入式软件，开发者必须对客户的需求进行分析，才能设计出符合消费者的计算机软件，在设计以及测试计算机嵌入式系统和编码的过程中，设计者要坚持设计理念开发计算机嵌入式软件系统。设计者在设计嵌入式计算机系统过程时并对实时板块的一些功能进行精确处理，最后对子模块进行分割。开发计算机嵌入式软件过程中研究和应用任务特征板块系统，与分割成许多子任务保持一致，从而促使计算机硬件与计算机软件紧密结合。设计者利用 AT91R9200 微处理器对嵌入式软件进行设计，这种型号处理器有足够的外围接口，AT91R9200 微处理器可以控制和同步操作过程中的系统软件。在嵌入式计算机软件中，能够对突发性访问的客户端进行访问，从而使嵌入式计算机软件提高响应的时间。

（二）研究计算机系统步骤

计算机技术研究的必要过程针对软件进行设计，这项工作主要是对计算机软件的主要功能进行研究和改进，计算机的有效开展能够促使软件开发工作顺利进行。开发计算机工作完成后，再根据客户的需求进行软件的开发分析。这项工作的主要部分是通过综合分析了解客户对操作的需求，了解计算机软件是否能够准确和明白的表达客户的要求，然后针对相关意见对软件进行分析整理。在完成研究和分析客户需求后，设计者就可以通过相关的设计要求对软件的程序进行改善，这项工作是完成计算机软件开发的主要过程，因此设计者必须使用安全、可靠的编码程序和模板对系统进行设计。完成系统各个部件后再应用软件的基本设计将剩下的编码完成。完成组件后对软件系统进行测试，主要是进行内部测试和开放性测试两方面内容。内部测试是指设计者完成组建后使用专业技术对编码程序进行检测，开放性测试是指设计者抽取一部分的软件进行抽样检测，发现软件产生的问题并及时寻找解决方案，这样就完成了开发软件的组装。但是，完成组装后关键的一个环节就是维护软件系统正常操作，保证客户能够正常操作使用计算机软件。

三、提高计算机技术水平

根据计算机硬件在客户使用中不断加速升级，以硬件作为开发中心，促使软件运作效率得以提高。而软件本身的程序紧密联系着软件运作的效率，因此提高软件操作效率，嵌入式软件能够进一步升级和改善科学软件。在计算机设计者改善计算机编码上，不仅要引进先进计算机，还要不断创新、升级以及完善操作硬件的支持。在开发设计过程中，设计者必须从客户体验的角度进行分析，根据客户的一件完善计算机软件开发，并且将客户操作要求作为起点，进而改善软件程序。计算机软件开发难度得到控制，软件在操作过程中节省所占空间，从而使计算机软件的操作效率得到提高。

综上所述，在开发计算机软件过程中嵌入式软件的运作有重要意义，计算机软件技术的运作效率能够提高主要原因是开发者不断完善嵌入式计算机软件，减少软件在运作中产生的问题。计算机软件开发过程中应用嵌入式软件，促使计算机软件的质量与可运作性得到完善，在执行各种操作的同时确保软件顺利进行，开发计算机嵌入式软件将不断完善计算机软件系统，在开发计算机软件中起着不可估量的作用。

第二节　分层技术在计算机软件开发中的应用

网络技术的发展，让计算机应用成为一种非常普遍的现象，计算机的应用不仅能够满足人们的工作需求，而且在生活中，也成为一种非常普遍的应用，伴随着计算机技术的发展，计算机软件开发便成为计算机重要的发展方向，本节着重对分层技术在计算机软件开发中的应用效果进行研究，希望能够取得些许借鉴意义。

软件开发的基础是建立网络框架，当前，网络技术已成为社会中一种通用技术，软件开发技术的应用非常广泛，当前所开发出的技术已经无法满足人们对技术的需求，在此种情况之下，分层网络的建立十分重要，曾经软件开发中所运用的二层框架已经向三层框架发展，而软件开发中应用于分层技术则越来越重要。

一、双层技术的应用及效果

双层技术的应用，能够将计算机的分层技术有所提升，将软件开发的时间大大缩短。双层技术的应用，针对客户所用界面，对用户的客户端进行两种处理方式：一种为信息处理；另一种是逻辑处理，可有效实现客户端服务器的整合。虽然双层技术的应用效果较好，但是在软件开发中，双层技术的应用却有一定要求，在软件开发的过程中，需要按照一定的标准进行，否则将无法保证计算机的服务效能。除此之外，双层技术的应用，对于用户的数量也有一定要求，用户的数量一旦超出双层技术的应用范围，那么系统的运行便会出现错误。双层技术的应用会对计算软件的运行速度有所降低，用户对计算机的高速度要求便很难进行满足。在双层技术应用要求的基础之上，该技术在有待研究，主要针对该技术的用户需求方面和计算机运行速度方面进行着重研究，对双层技术的改进策略进行研究，从而使其能够不受用户数量的限制，也避免双层技术应用时对计算机的运行速度造成影响。

二、三层技术的应用与效果

在双层技术的基础之上发展而来的便是三层技术，三层技术可以说是双层技术的加强版，三层技术在原有的基础之上，将计算机数据的存储功能进行强化，可在一定程度上促进软件开发的效率。除此之外，在软件开发中应用于三层技术，计算机的工作效率会得到提升，访问效率也会得到提升。总体来说，在软件开发中应用三层技术，主要包括三个方面：一数据层面；二业务层面；三界面层面。其中，数据层面是针对那些经过科学分析之后的数据进行查询，将数据分析的结果进行传递，主要传递给处理层；业务层面是对用户进行分析，并对用户所需要的信息进行处理，从而实现对用户信息的整理与搜集；界面层面主要负责加工搜集而来的用户信息，并将其进行传递，主要传递给相关部门，相关部门可根据传递而来的信息数据进行操作。

三个层面的分工非常明确，看似毫无联系，实则三个层面是互相联系的关系，三个层面是一个整体，为满足软件开发的技术要求，三个层面的整体性必须有所体现，才能够有效促进软件开发工作的顺利开展。在软件开发中，应用于三层技术，相关部门还需要进行研究，将三层技术的整体性有所增强。三层技术在应用过程中，对所有用户的需求，无法做到及时满足，用户的使用过程中，容易将三个层面混淆，对软件开发工作造成影响，所以，三个层面的技术区别性需要体现出来，避免用户出现混淆的情况。

三、四层技术的应用及效果

现今为止，软件开发技术仍然处在不断发展之中，三层技术与双层技术的应用，随着软件开发越来越复杂，已经无法满足当前软件开发的需求，四层技术随之产生，主要包括四个层面：一业务层面；二数据库层面；三 Web 层面；四储存层面。其中，业务层面所需要的信息会从数据库中找寻出来，将其传送到 Web 当中，从而实现数据的转换与传递，数据库层面在处理层和储存层面之间，可运用代码访问的方式，将数据库和计算机服务对象之间的关系反映出来，从而有效解决数据库与服务对象不匹配的问题。比如，在许多软件中，所应用的四层技术并非是上文所提到的四层技术，它主要有一表现层，二业务层，三持久层，四模型层，四个层面的功能与职责不同，所以四个层面的功能与职责便不容易发生混淆，每一个层面都具有隔离关系，隔离层之间存在接口，用于通信。

四、中间技术的应用与效果

在软件开发中，中间技术是极其重要的技术，该技术能够有效实现资源的互通互联，将一些复杂技术所带来的细节问题有效减少，从而将技术负担减轻，计算机软件的开发时间会大大缩短，开发效率便会相应的提升。中间技术主要包括三个方面：一 MOM；二 DM；三 OOM，对于这三个中间件，可在软件开发中广泛应用。MOM 能够对信息进行异步传送与同步传送，本身具有一定安全性，在软件开发中，应用 MOM 技术，其应用主要依靠队列管理器，信息在进行互动时，互动的双方需要将互动的信息传递到信息管理器之中，然后信息管理器会将信息传递回去。

RPC 本身具有一定的先进性与实用性，可对计算机用户的数据进行远程传输，可支持软件开发在各种环境中得到应用，可有效促进软件开发的跨平台使用。但是在应用过程中，由于 RPC 本身的范围小，需要对网络故障的问题进行全面考虑，对于流量控制也需要进行考虑，除此之外，还有进程同步问题，所以，RPC 在使用过程中存在一定限制。OOM 是组件技术，软件设计平台中存在旧组件与新组件，新旧组件的优化是通过 OOM 来实现的，从而实现组件的可操作性与兼容性。组件技术的应用，软件开发平台的运行效率可有效提升，其应用也非常广泛。

综上所述，在计算机软件开发中，因技术环境的复杂性，所以，软件开发本身的难度较大，伴随着网络技术与计算机技术的发展，用户对软件开发的要求也在不断提升，面对此种情况，便需要运用到分层技术，将传统应用的双层技术进行改变，分层技术本身具有一定安全性，可有效实现对信息的处理，将软件开发的时间大大缩短，软件开发的效率也会得到明显的提升。

第三节　软件工程方法在计算机软件开发中的运用

当今时代的发展，计算机的普及越来越广泛，而其中的技术也是呈递增的趋势一直往上涨，很多领域都无法离开计算机的应用，而在此背景之下对计算机软件开发也产生比较大的影响，如此显得更有难度，传统的软件工程无法满足现代的需求，而现代的软件工程技术在软件开发中得到普遍的使用，如此开发的效率显得更高。介于此种方式体现出了价值，本节就从这方面出发，给软件工程的应用技术进行了探讨。

信息化的到来已经成了一种无法阻挡的趋势，要顺应时代发展，那也得随时代潮流前进，对于软件工程的原理要做好了解。在此前提下，要想软件的功能性变得强大，就得保证软件能够有良好的开发环境，运用科学的方法来行驶，而不能忽视的便是软件工程，采取这种方法能使相关问题得到高效性的处理，使开发的进程能够得到保证，引导高质量的格局。而对于软件工程这一门所含有的知识确是极为丰富，软件工程方法和计算机软件开发相同协助，可以使软件的实质效果更加清晰，给用户的体验更加舒适。

一、软件工程原理和其方法调用

软件工程是存在于软件学科中的一类，它的主要内容是采取工程化的方法所建立，高级程序语言、软件开发、开发技术原理、各种数据库，搭建系统平台、程序设计等都属于其范畴之内。在信息时代的普及之下，各类操作系统和办公软件在每个领域都有着自己的足迹，直接的提高这些领域工作效率和工作质量，促进了社会经济的发展。在计算机行业开始普及的时候，也间接导致了大量的软件方法的出现，可大致分为以下几种方法：结构化方法、面向对象方法以及形式化方法等。结构化方式可以理解成生命周期方法，其作用就是把软件的生命周期分类不同的阶段，通过结构化来完成每阶段的目标；而面向对象方法则是把数据的操作紧密结合起来，能够让软件开发过程得到平缓过渡，形式化方法则是利用形式化的数学转换来开发实用软件。而这些方法的主要体现在以下几点：

（一）有效地推动了现代智能化发展

现代软件工程的方法应用可以提高软件性能，能够及时并有效的更新和调配软件的整体性，大大地提升系统的存储量，用户在使用的过程中减少了诸多麻烦，不用经常性的去调整和修改，在这样的情况下给软件智能化的普及提供了便利。

（二）对于网络硬件的压力进行了调配

一个电脑上的多数软件对网络硬件的压力是很大的，而每次对其优化的时候对网络硬件的压力陡增，不合理的优化软件，长时间这样会占据系统很大部分的空间，导致电脑有时会出现卡顿的现象，也消耗了很多网络资源，间接地影响了硬件的寿命，用户体验也极其不佳。而利用软件系统的优化方式则可以合理地减轻这种压力

（三）高效率的软件开发

在软件开发的进程中，是必须要使用软件工程的方法所促进的，否则软件的性能难以达到预期的效果，而收回产品调配，这样会大大提高开发的成本，这样是对于一个开发者角度是明显不利的，而且在此前提还会降低开发的效率。如果调用软件工程方法，增强了软件整体的性能，以上的问题也能迎刃而解。

二、计算机软件开发和软件工程方法的联系及其应用

网络的广泛普及使得全球化更加快速发展，人与人之间的距离大大缩短。通过计算机软件和软件工程方法所开发的软件，能够让全球的信息和资源能够快速传播和共享，信息的流通很迅速，用户之间的交流和沟通变得更加顺畅和及时。计算机软件开发技术应用通过网络把软件和用户连接到一起，让每个用户有自己独立性的空间，并且不在受软件的统一支配。用户还可以利用各个软件提供的数据信息处理所提供的平台来简化日常工作，提

高个人工作效率和工作质量。目前，被人们广泛应用和推崇的智能移动终端通信设备广泛嵌入了计算机软件，更加方便了用户的操作和使用，更加简化了数据处理流程。而目前所体现出来的效益就有以下两点：

（一）CAI 在软件开发领域的运用

首先我们要了解的即使计算机辅助教学，也就是 CAI，CAI 能够最大限度地缩短学生接受课程内容的时间，大幅度增强教学效果，最终使教学目标达到最优化。它过去的开发模式是先选择工具或语言，以此基础来满足限制和要求，利用模块化设计的概念进行开发任务，也可以借用结构化方法来完成，用户对软件需求产生了变化，开发人员就要及时更改原本系统，直接行驶的话会产生比较高的出错率，其复杂程度也会上升，而软件系统也要与时俱进，否则随着传统的方法统一被淘汰，一定要满足用户需求，此方法开发的软件维护成本也很高，不能反复使用，过去的 CAI 软件有的部分不能发挥出它的作用，也无法将现有的功能模块拼接上去。所以在这样的情况下开发人员要合理的运用好软件工程的方法，重视 CAI 软件的开发，增进开发的效率。

（二）计算机软件在医疗领域的推广

现代的医疗领域已经无法离开计算机软件的应用，在此领域采用这种方法能够使生产更加高效性，行业中的操作和程序的规范性得到保障，具有软件工程意识是软件开发所必备的，对于软件工程中的方法要合理调配，这样才能保证开发的效应性。如今医疗事业需要信息管理平台对其信息进行处理，病员的病理信息也要得到，借用这种平台方式能更清晰的知晓病理情况，对这些资料进行存储，提高疾病治疗效率以及能得到更好的护理。在做开发的前提，要明确来源的要求并进行分析，多个角度切入。结合医院各科各室提供的实际问题来进行医疗软件的开发，让医院紧跟时代的潮流，使得软件开发商和医院的经济效益实现双双共赢。

软件工程方法和计算机开发的运用是相互交映的，配合起来可以带来更好的效益，促进各个领域的发展，CAI 软件的开发，使得软件工程的方法优势得到充分的发挥，首先要对软件工程方法充分的了解和掌控，让软件工程更加完善。这样的话才能够保证软件开发的工作顺利执行，提高开发的效益和质量，满足用户需求提高用户体验，充分体现软件系统的价值。

第四节　计算机软件开发中 JAVA 编程的应用

现阶段，有很多计算机在进行程序开发中，程序开发工作人员经常运用 JAVA 编程，主要是因为其能够很好地舒缓软件冲突，让人们放心使用。此外 JAVA 编程还有很多方面的优势特征，受到很多权威领域的认可，因此在计算机领域中得到了非常广泛的应用。

与其他编程相比较，JAVA 编程具有一些自身的优势特征，具备平台独立、可移植性以及多线程等，并且还能够对多样化的操作系统进行支持。同时还能在网络环境下对软件进行编写，因此在进行计算机软件开发的过程中，JAVA 编程得到了广泛应用。

一、JAVA 编程概述

（一）含义

关于 JAVA 编程运用环节非常多，涵盖 JAVA 语言的语句、语法规则、类库以及关键字等要素实施计算和探讨，通过对该技术进行使用大大提升计算机软件的运行效率，能对使用者需要的问题和困难进行有效解决。同时 JAVA 编程还涵盖了 JAVA 类的基础语句、面向对象编程的概念、JAVA 语言开发工具的介绍等。因此人们在对计算机软件相关工作进行处理的时候要依托 JAVA 编程技术所提供的帮助，对计算机操作的实用性和便利性进行全面增强。

（二）主要特征

1. 面向对象

具体是指在 JAVA 在编写计算机程序过程中，不是对整个程序的编写，而是将程序细化为数个板块，然后以不同板块的属性为基点，有目的性的选用与之相匹配的编写方案，在对系统内程序进行编写过程中，一定要确保板块之间的相对独立性，借助该方式确保不同编写程序的独立性，编程效率显著提升。JAVA 编程具有多元性、密封性、传承性与动态式编写等特点，正是因为该编程拥有上述特点，所以其在对某一板块整改的过程中不必对其他类板块进行改动，该类编程直接面向对象进行相关操作，并且工作效率相对较高，为程序编写与维护工作的开展提供给便利条件。

2. 平台独立

这种特征多数是在 JAVA 虚拟机上体现出来的。编写翻译为中间码以后，在进行安装、校对与检验工序，被诠释以后就转型机器码进行操作。JAVA 编程具备这一特点以后就可以规避特异平台环境提出的苛刻性标准。也就是说在对程序编写的过程中，若 JAVA 虚拟机可以在系统上运转，那么 JAVA 程序就可以顺利执行。

3. 可移植性

于 Web 站点上，JAVA 程序可以对应用程序自行下载去应用，涵盖了图像、图形与 HTML 等内容，网络浏览器就可以参照该类指令进行相应操作，就达到了对被要求下载的资源片段浏览的目的。同时在 JAVA 编程的协助下，Web 可以在任何类型的计算机系统中运转，但是对基础数据类型所具有的长度提出较为苛刻的标准。

4. 多线程

这是维护应用软件运行功能的有效保障。具体是借用所持有的同步源语，去维护与强化共享数据操作流程的精确性。这就对计算机软件开发人员的业务水平提出较高的标准，即具有使用多线程机制的能力，进而产出多样具有不同属性的行为方式。在这样的环境中，实时网络交互行为产出目标的实现就不存在太大的难度。除此之外，JAVA 编程也具备安全性、排布性、动态性与高性能等多样特点，在上述特点的协助下，JAVA 编程在应用过程中体现出安稳性，明显减缩了软件开发时间，同时也减少了软件程序检修过程中资金投入量。

二、计算机软件开发中 JAVA 编程的应用

（一）行业与企业信息化

当前，JAVA 编程已逐渐大量的运用至国内有关的企业以及行业之中，同时知名的开发厂商宣传服务器以及应用软件的时候，以 JAVA 技术模式为基石，例如：SUN、IBM，如此，在一定程度上提升了 JAVA 编程的知名度。在最近几年时间内，JAVA 技术逐渐运用于电子领域、金融领域以及科研领域、等等，推动上述领域迅速发展之时，本身同样获得了较好的改善与发展，在国内社会经济不断发展环节之中，起到关键性作用的促进要素里面逐渐应用了 JAVA 编程技术。当前，我们国家的多个领域之中已经大量运用了 JAVA 编程技术。

（二）移动设备与无线 JAVA

当前，JAVA 在移动设备中日益流行，大量设备生产企业投入大量的人力、物力等以提供对应的技术支持，以需求更多的经济效益。无线 JAVA 和手机之间的关系就等同于电脑与软件间的关系，无线 JAVA 的运用促进了移动设备的快速发展。传统形式的手机仅仅是一个封闭的操作系统，手机中的软件与应用均是由厂商提供，用户没有办法对其进行更改，更加无法加入其他的应用。伴随无线 JAVA 的开发应用，以使手机渐渐远离这些传统的限制，使得变得更加人性化。

（三）嵌入式设备

在国内的计算机应用之中，嵌入式系统设施是必不可少的环节，嵌入式设备是计算机软件中一个实用性较强的设备，其关键便是具体应用，嵌入式设备的软件与硬件可以运用剪裁法进行与之对应的加工，此设备在现实运用环节存在着非常严格的功能消耗与自身体积等方面的要求，如此便会对嵌入式设备的运用时间和应用品质产生了非常大的约束。Java 编程技术下，有关嵌入式体系能够对于制定性能指标与任务等更加明确的完成，在接收完相应的信号以后，能够确保工作流程的迅速完成，保障嵌入式设备能够以较高的效率

运行。

（四）网络教学

从网络教学应用层面而言，中兴通讯公司与东南大学研发出了远程教学系统，大都运用于远程教育与课后学习等环节。与此同时，清华大学计算机专业的学生以 JAVA 软件为基础针对计算机软件基础课程实施教学改革。除此之外，电子科技大学运用 BMI 与 JAVA 技术等实施远程教育，西安电力高等专科学校同样运用了 JAVA 技术，研发出了交互式电站仿真系统，完成了锅炉膛火焰仿真、电站锅炉仿真，为达到网上仿真实施了有益摸索，在一定程度上增强了学生们的学习积极性与学习效率。

总之，随着科学技术的不断进步和发展，在计算机软件开发中，JAVA 编程语言将被赋予多种角色，同时还要对自身能力不断的充实，确保其价值体现在多个领域。

第五节　卫生系统中计算机软件的应用

传统的卫生系统运行会产生大量的数据，而这些系统文件往往难以归置造成系统数据库的崩溃。而在维护更新的过程中，大量的冗余数据也将直接影响系统的省级效率和日常的运行效率。因此，注重现代信息技术的合理运用，提高医疗设备计算机软件系统的信息化水平，对于促进医院更快、更好发展有着重要意义。

因为现代科技的快速发展，信息技术的应用范围越来越广，医院的各个系统也开始使用上了信息技术，且信息系统的复杂程度也有所增加，因此我们必须要注重计算机系统的管理，在维护系统和管理系统各方面，必须要加大投入，这样我们才能够保障系统在卫生系统中发挥作用，不影响工作效率，从而实现医院的信息化管理模式，使医院的管理跟上科技的社会的发展水平。为了保障计算机软件在卫生系统中可以发挥作用，我们必须要注意平时的系统维护工作，改进工作过程中不完善之处，在管理方面有所加强，更新管理理念，使用现代化的管理方式进行系统管理，只有这样我们才能保证计算机软件在卫生系统中发挥出真正的作用。

一、卫生系统中计算机软件系统的概述

据目前卫生系统中的计算机软件的操作情况来看，MIS 属于一种综合性能较强的计算机软件系统，我们可以利用计算机软件对卫生系统展开科学性的分析，每当卫生系统发生故障需要维修时，我们要及时的做出反应，并做好平时的数据收集工作，注意数据存储整理等方面的细节，使这些数据能够帮助医院在制定决策时发挥作用。

在实际的使用过程当中，医院卫生系统的计算机管理的方面具有相当强的可行性，为了能够方便管理人员对医院的各项工作进行管理，医院的信息系统必须要保持条理性、做

事要符合规范，办事要按照规章制度，这样能够有效地帮助我们提升办事效率，为患者节省下不少宝贵的时间，对于患者在医院的体验感也有很大的帮助。不仅如此，现在的系统多可以转移到手机中应用，我们的医院管理系统也应该能够在手机上进行使用，所以目前的医院管理系统不仅能够在电脑上进行操作，我们还能使用手机，平板电脑等进行操作管理，为医院的有效管理更上一层楼做出贡献。

二、卫生系统中计算机软件系统的相关分析

我们可以参考卫生系统中常会使用的计算机系统，按照各方面对系统的要求提出改进依据：首先，调研方案；其次，数据流程。能够从以下几个方面展开我们的系统改进工作：

（1）数据登记；

（2）用户管理；

（3）数据查询；

（4）数据浏览。

通常情况下，一位用户通过认证之后，就能够进入系统进行相关的操作，能够使用的功能包括以下几种：（1）更改用户登录密码；（2）增加和减少用户的数量；（3）从各个部门科室中收集信息，并将这些信息收集起来并记录，记录的信息包括保修的时间，进行检修的工作人员，卫生系统的故障类型，什么时候能够完成维修，用什么方式可以查询到相关信息，针对卫生系统出现的问题我们要采取什么样的方式来解决，并针对问题提出相关建议，给出指导意见，以这样的方式来确定卫生系统中出现的故障，并记录下维修的方式。

三、卫生系统中计算机软件系统的维护与维修

总的来说，卫生系统中计算机软件系统的维护与维修应从如下几个方面着手：

（1）由于每一家医院的管理方式以及流程都会有所区别，所以我们在结合医院的实际运行状态，确定相关的考核机制，并根据 HIS 系统（医院信息系统）、RIS（放射科信息管理系统）等计算机管理系统中的应用情况，更改护士在医院工作中的工作量、确定护士工作的质量水平等，这样我们在能够有效地提升用户对于医院管理方面的满意程度，也可以通过患者对于医护人员的评价，来实行医院的考核，进而决定有哪些医护人员可以得到晋升，哪些医护人员不太适合医务护理人员方面的工作。

（2）我们在设计医疗计算机系统的时候，一定要秉承一个核心的观点，就是一切围绕着病人展开，要注重计算机系统的维护以及管理方面的工作，这样能够有效地提升用户对于医院的满意程度，体现医院对患者的人文关怀，使患者能够更加信任医院的工作人员，改善紧张的医患关系，促进病人与医护人员的沟通，改变现在僵化的医疗服务，使医疗服务更加人性化。

（3）改变现在的文件起草模式，没必要起草的文件可以取消起草，将目前的卫生系统维护流程以及维修过程简化，结合医院的相关工作，强化对医疗设备的管理工作，通常情况下，系统的维护以及维修都要有文字书写，书写相关文件的时间通常控制在半个小时之内。

（4）利用现在医院已经做好的局域网，重新整合无线网络架构，能够有效地实现医院信息化在无线应用方面的改进，这样帮助有效地实现平台的构建，为了能够使前端的适配器能够满足相关的要求，实现平台在平板电脑和手机上的应用，我们可以构建现代化的应用程序，比如电子病历夹、移动输液系统等，这样能够实现信息的实时更新，帮助实现信息的移动化建设。

（5）在保障各类的信息化系统能够稳定运行的基础之下，护士必须每天都对病房例行检查，病例同采集终端，将护理的全过程记录下来。同时，CIS 系统可以自动控制测量的曲线。所以，我们可以在设备保养以及保养级别的设置方面，来确定一个项目的等级，我们在记录的时候，还可以采取七天检查一次的方式，将七天设置为一个周期，将手机得到的信息进行反馈，并给之后的维修人员做一个工作参考。

（6）因为现在医院的发展速度较快，医疗卫生机构的规模增大的同时，数量也在不断增加，这也对卫生系统的维护方面也有更高的要求，因此在管理上我们也必须要树立现代化的管理方式，加强在设备采购以及售后方面的服务，这样才能够使医院的卫生管理软件的维护受到重视。

总之，各种现代化卫生系统的推广和应用是未来医疗系统的发展方向，因此根据实际的要求设计系统成为当前系统维护和设计工作中最主要的问题之一，因此必须加强卫生系统中计算机软件系统的运行管理，提高维修人员的专业水平、综合素质等，才能更好地提高医院各部门、各科室的工作效率，提升医院的运行效率。

第六节　项目管理的计算机软件应用

网络技术在不断应用中不断成熟，同时也与计算机软硬件技术有了更多的互动，在互联网时代的背景下为项目管理工作的开展提供了坚实的基础。尤其是目前项目管理软件应用已经成了项目建设信息化管理体系的基本渠道，更为项目管理工作的高效和有序开展提供了基础。本节希望可以通过对项目管理软件的应用状况进行分析，为后续项目管理中的其他问题提供一定的借鉴作用。

从最近几年来看，项目管理软件已经在国内项目管理中得到了不少的承认，同时也有了很强劲的发展势头，其管理思维和理念也被人们所认可。然而，软件虽然只是简单的工具，但同时也成了管理理念的重要体现。事实上，项目管理软件的应用虽然作用和效果明显，但最重要的是能够将先进的管理理念融入企业具体的管理和软件应用当中。因此，项目的管理工作需要不断完善对计算机软件的应用方法,不断提高管理中的科学性与合理性。

一、应用项目管理软件的重要性

项目管理作为 20 世纪 50 年代所兴起的一项管理策略,当时就已经在不少的项目和计划中发挥了重要的作用,例如:阿波罗登月计划、北极星潜艇研制计划、等等。该项管理策略发展至今已经逐渐成熟,同时也为现代化的项目管理工作提供了改进策略,尤其是能够最大限度地简化工作流程,提升效率水平。目前,项目管理的思想和理念已经对各行业产生了重要的影响,更是成为政府和企业的提质提效利器。

现阶段,我国的经济转型和企业改革逐渐深化,同时也使得市场内的竞争压力也变得越发严重。因此,企业需要不断调整自身的管理模式,优化资源配置,简化工作流程,再结合不断地创新适应经济环境的发展所带来的竞争压力。同时,这也使得变革管理模式成为企业提高竞争力的重要渠道,而项目管理也通过实践证明了自己。从目前的项目管理软件系统应用来看,相当有效的理顺了公司项目内部各项纠结关系,对各部门之间的力量进行统筹和协调,对管理效率和质量进行提升。

二、项目管理计算机软件的应用分析

管理工作的开展,项目管理技术对于整体项目的质效水平具有相当关键的作用。在当下的时代背景下,该项工作的主要模式是利用计算机技术、网络技术以及互联网技术等技术开展协调工作。而项目管理技术的应用也与计算机技术和互联网技术发生了有机的融合,并逐渐形成一种具有相互协调和相互促进的模式。

(一)高档项目管理软件

国际上具有突出成效的项目管理软件实在不少,其中相对著名的便是领军型 Primavera 项目管理系列软件。P3 作为目前应用相对多的一项软件,其基于广义网络计划技术的理论编制而成。该项目管理软件在对单个项目的处理上可以达成工序数超 10 万道的效果,同时也具有资源数无限,每道工序数上可使用的资源数也是无限的。除此之外,P3 还有不少其他的优势。例如:对资源均衡的功能或资源不足的问题可以进行自主解决;节点号具备任意编制的能力;可以对优化后的计划进行调用和查看,然后再对其作业的效率进行比较和查对。

(二)低档项目管理软件

事实上,低档项目管理软件并不是在质效水平上相对较低,而是指这部分的软件功能相对单一而简单,只能对部分简单项目或是项目的某一阶段发挥作用,一般的功能包括:人员管理、计划安排、风险分析、等等。以 Project Scheduler 7 为例,不仅具备的操作方便简洁的特点,而且在价格和成本上也相对便宜。具体来看,该项项目管理软件具有独立的风格特点，能够较为迅速的完成计划安排和管理程序，顺利与 SQL 数据库进行对接，共同解决处理那些复杂的程序、完成桌面的一些基本工作、向导和日常窍门、等等。除此之外，其还具备灵活管理、组织或查看项目的作用。

三、国内项目管理软件的应用概况

目前国内主要应用的管理形式主要包括了两大类：第一类是以业主为主导的统一型项目管理软件应用模式，这类模式大多被应用大型工程项目当中。该类管理形式的应有具有很强的适应性，也能够根据项目的实际情况、具体数据以及业主自身特点来开展来规划合理的项目管理细则，对于工程项目的开展具有更强的科学性与合理性。目前，其主要的功能范围主要存在于工程项目的管理网络系统建设和完善工作中，同时也在不少的相关培训工作中有诸多的涉及。

第二类项目管理软件应用模式主要被应用于单个参与方使用的项目管理软件当中。同时，这类模式也是目前相对常见的形式，对于各类项目都有相对频繁和广泛的应用。首先该类模式需要工程项目的某一个参与方本身就具备了相对完善的系统，能够在完成的企业项目中发挥独立的管理工作。这样一来，使项目的管理软件在应用过程中会具有更高的管理成效，也能够对各类突发性事件具有良好的应对机制，始终确保各个参与方都时刻处在有利的位置。

工程项目管理软件的应用对于其企业运营具有相当的正面意义，同时也是适合企业自身发展和经营的规律。目前项目管理软件的应用已经很好地证明其在辅助企业决策、提高企业运营质效和核心竞争力上的重要作用，同时也帮助企业不断适应快速变化的市场化竞争要求。借助其在信息整合与利用中的作用帮助信息进行更加高效的传输，可优化项目内部各部门的协调性，增加项目的整体效益，强化企业参与到国际市场中的竞争力水平。

第七节　企业办公自动化管理中的计算机软件应用

随着社会经济的智能化、现代化发展，在企业办公中，也开始朝着自动化的方向发展。在企业办公自动化管理中，计算机软件发挥着十分重要的作用，越来越多的企业开始将计算机软件应用在办公自动化中。对此，下面就计算机软件对企业办公自动化管理的积极作用及应用进行全面分析。

对于企业办公自动化，主要是在办公室中安装相应的自动化设备，将分散在不同区域的业务实现集中办公，同时在办公自动化中，企业各个部门员工可以进行随时随地的沟通，提高了部门协作效率。对企业领导而言，还可以通过办公自动化实现对员工的监督管理，促进了工作效率的提升。在企业办公自动化管理中，引入计算机软件，可以进一步强化办公自动化的作用，这对于企业市场法发展有极大的帮助。

一、计算机软件对企业办公自动化的积极作用

计算机软件在企业办公自动化管理中的积极作用主要表现在：

（1）计算机软件能改变企业办公环境及流程等，在办公自动化中计算机软件能将获得的文件信息和数据资料等存储在电脑中并对其进行相应的分类，这改变了传统的文件和桌椅为企业办公全部内容的局面，并且计算机软件的使用让企业之间的文件传输变得更为便捷，不仅不会出现拿错或是混乱等现象，还能极大程度的提高办公效率。其主要表现为企业具有更强的办公同步性，通过计算机软件能将文件在同一时间传送到不同的部门，相应的部门对自身需要完成的内容进行相应的处理，并能同步分析处理文件，统一讨论分析处理问题，进而有效提高工作效率。

（2）计算机软件对企业管理成本具有很好的降低作用，计算机软件的应用在一定程度上减少企业纸质物品的使用量，这也就是降低办公成本。如不同部门在传输信息的时候不再使用纸质文件，相应的可直接通过计算机进行传输，这样不仅能节省纸张，还能提高工作效率。在企业中不同部门之间或是不同企业之间进行业务办理的时候，可能会因为地域差异而需要一定的经费支出，但在计算机软件的应用之后，便能通过计算机进行业务交流，这样有效地减少了经费支出。

二、计算机软件在企业办公自动化中的应用

（一）选择符合企业发展需求的计算机软件系统

在新时期下，企业要想充分发挥计算机软件在办公自动化管理体系中的作用，就需要结合自身的具体情况，挑选出一套符合自身实际的计算机软件。企业在选择计算机软件时，需要充分考虑计算机承载的信息量，并结合企业的发展战略规划，增加自身发展切实需要的计算机软件，而不能一味地追求新、功能强大，同时也不可以因为成本问题，而选择盗版、落后的计算机软件，这样会给企业带来巨大的损失。在实际中，为了更好地契合企业发展需求，企业可以加强与软件开发公司的联系，让软件开发公司针对企业的实际情况，制定专门的计算机软件，当然对于综合能力比较差的中小企业，可以选择在市场上购买比较成熟的计算机软件。

（二）加强计算机软件应用管理

在企业办公自动化管理中，引入计算机软件后，需要进一步明确计算机软件在企业办公自动化管理中的应用方向，这样才能更好地发挥其作用。在实际中，企业不仅要将计算机软件应用在日常办公、部门交流、资料收集及存储等方面，还需要充分发挥计算机软件数据信息处理、分析能力，要利用网络资源来促进企业的发展。可以利用计算机软件，对

企业各个部门的数据信息进行统一整理，便于后期发展中对数据进行查阅、使用，同时也能帮助管理者更好地了解企业当前的经营状况，为今后的经营决策提供良好的依据。此外，企业还可以与合作伙伴实现计算机软件联合，从而达到信息交流、资源共享的效果。将计算机软件应用在企业办公自动化管理中，能全面拓展企业办公自动化的功能，使得决策、辅助更加科学。总而言之，在企业办公自动化管理中，引入计算机软件后，要最大限度的实现功能最大化，提升企业的自动化程度，促进企业的现代化发展。

（三）加强对企业员工的培训

对于企业办公自动化管理，主要是由员工进行，加上计算机软件更新十分迅速，对员工本身的综合能力提出了很高的要求，因此，在实际中，企业还需要全面加强对员工的计算机软件应用能力培训，一方面要丰富员工的计算机软件理论知识，另一方面还要注重实际操作的培养，确保培训活动不会流于形式，从而保证企业员工可以熟练的操作计算机软件，充分发挥其实际作用。对企业的管理者而言，也需要对办公自动化管理有充分的了解，要不断提升自身的自动化软件操作水平，并提升自身应用自动化软件分析、总结文件及资料信息的能力，这样才能保证今后的决策更加科学规范。此外，在对企业员工进行培训时，不仅要培训员工计算机软件相关操作知识，还需要引导员工掌握相应的计算机软件网络维护、网络安全能力，使得员工能在计算机软件出现故障后，能及时、正确的进行处理，保证计算机软件的正常使用。

综上所述，在激烈的市场环境下，企业要想得到更加向好的发展，就需要跟紧时代步伐，要全面加强办公自动化管理，并结合自身生产经营中的实际情况，引入符合自身需求的计算机软件，同时要加强对计算机软件应用过程的管理，不断提升员工的综合水平，充分发挥计算机软件的作用，从而为企业今后的良好发展提供保障。

第八节　油田生产管理系统中计算机软件应用

油田企业生产管理系统承担着勘探开发、储存运输和生产加工的重要任务，应用计算机软件技术可提高整体管理水平，更好的保障企业发展，本节在对我国油田企业生产管理现状分析的基础上，对提升计算机软件技术在生产经营管理中应用水平工作进行了探究。

计算机软件在油田生产管理中具有重要作用，可提高油气生产和集输自动化水平、生产数据信息化管理水平，有效整合生产数据，提高企业生产运行管理水平。因此，有必要对当前我国油田生产管理中存在的问题进行分析，并结合油田生产管理实际需要，通过应用计算机软件技术提升企业管理水平，推动油田更好更快的发展。

一、油田企业生产经营管理现状

油田企业生产运输的油气资源具有易燃易爆特性，安全生产工作成为生产管理中的一项重要工作，胜利油田油气集输管网有相当一部分经过城镇等人口密集区、集市等商业繁华区，地处黄河三角洲，环境敏感，地域分布广阔、人烟稀少，偷盗现象较为频发，所以，对计算机软件实时监控、预警要求较高。同时，原油生产和油气集输中对生产工艺、设施设备和管网运行参数等重要数据也要建立完善的管理体系，油田生产运行涉及环节众多，不同系统缺乏有效的沟通联系，数据在不同系统中沟通性不强，容易形成信息孤岛，影响管理决策，如何充分利用生产信息提升数据价值，构建相互贯通联系的信息化平台，成为油田信息化建设的重要内容。

胜利油田生产地点相对分散，生产装置众多、信息量大，虽已逐步加大了计算机信息技术应用力度，但在生产中对数据主要是自动采集、网络传输，有相当一部分信息需要手工录入，影响了管理效率和质量，具体工作中存在以下几个问题：一是管网运行监控系统布局不科学，受到地理位置和自然环境等因素的影响，现有的油气生产装置监控系统布局不科学，对位置偏僻地区缺乏有效的监控，对人口密集区也没有实现无死角监控，计算机软件应用程度有限，监控软件应用效率不高，报警和摄像装置不足，无法及时准确地反映存在的泄漏等危险，存在一定的安全隐患；二是管理模式比较分散，油田企业生产运行涉及众多工序和环节，不同系统间存在条块分割管理问题，油气勘探开发和下游综合利用环节存在脱节现象，造成软件应用系统不完善，增加了油气计量、交换和财务结算等中间环节，降低了管理效率；三是计算机软件系统应用水平不高，与国际石油化工行业相比，我国计算机软件在生产管理中应用较少，软件功能也相对不足，无法有效整合信息资源，缺少对重要数据的联动分析，智能预警系统不完善，很多工作需要人工进行处理；四是计算机系统开发人才比较匮乏，油田长期以油气生产为中心工作，对信息化工作重视程度相对不足，已有的信息工作中也侧重网络安全和软硬件系统的维护，软件系统多是直接购买，软件应用的针对性不强，采购成本较高，并且会在后期的软件应用、升级和维护等方面埋下隐患，最为突出的问题是计算机软件应用开发人才匮乏，人才引进培育力度不大，培训工作偏重油气生产，专项培训不足，制约了计算机专业人才素质的提升。

二、提升油田生产管理系统中计算机软件应用水平的对策措施

随着油田勘探开发力度的加大，胜利油田生产运行中点多、面广、线长的发散型发展模式，必然会影响油田的管理效率和生产效益，因此，有必要根据具体生产运行特点进行专项调研，有效整合数据资源，构建高效的计算机软件应用系统，提高管理效率和水平。当前油田的生产和安全监控已基本实现信息化要求，工控系统承力和数据采集能力也有了大幅提升，但结合油田的发展战略和目标任务，需要进一步完善生产运行数据采集能力

和安全监控效率，采用先进的软件技术手段和相关的模型，对各类生产运行基础数据进行加工利用，强化流程模拟、HSE监管、故障诊断等专业软件系统应用，实现计算机软件应用由数字化、信息化向智能化方向发展，构建符合油田生产运行管理实际的软件管理系统。

（一）提升数据化管理水平

要根据油田生产运行特点，充分利用计算机软件，建立实时数据采集监控系统，在信息管理部门中心服务器上安装具有网上发布功能的组态软件平台，建立联系上位机和工作站的数据库系统，可通过计算机软件将上位机构数据传送到服务器数据中，实现现场生产和集输控制，通过计算机系统实现数据和生产运行状态的实时对接，提高数据化利用水平。

（二）构建智能化数据平台

开发设计适合油田发展需要的计算机软件，建立信息模型和交互平台，在提升现场仪表采集数据效率的基础上，整合各类生产信息，借助计算机软件的融合、汇总、关联等功能，提高数据利用价值，用来指导改进油田管理中日常工作、调度指挥、智能监控等模块，实现企业的智能化管理。

（三）引进先进的计算机软件进行应用

要根据油田生产运行管理现状，在现有数据采集和信息化建设基础上，借鉴国内外先进经验，开发适合油田生产运行管理的实时数据采集监控系统，通过现场数据采集监控网络，借助软件应用优化和数字化平台建设，构建起集油田勘探开发、生产运输和加工利用为一体的数字化、信息化管理系统，实现远程数据信息共享和生产管理调控，并提供支持远程移动和异地查询等功能，提高管理效率。

（四）培养计算机软件开发人才

油田可以探索设置专项软件开发基金，成立独立的软件开发部门，并加强与专业化的软件开发机构的交流合作，提升油田自身软件开发和应用水平。同时，要加强专项培训，使软件开发人员可以结合油田生产运行管理实际，有效改进系统功能，拓展计算机软件的兼容性和可靠性，打造更加切合油田发展实际的实用性软件应用平台。

综上所述，油田企业生产运行涉及众多工序和环节，生产运行管理任务繁重，当前胜利油田基本实现了信息化数据管理，但依然存在一些问题，通过采取提升计算机软件应用水平的措施，必然会推动企业生产管理由信息化、数字化管理向智能化管理转变，提升企业的管理水平。

第九节　会计电算化下的有效计算机软件应用

会计电算化对传统的会计工作方式及会计内部控制产生了重大的影响，会计计算机软件的开发与应用对提高会计信息质量和会计工作效率发挥了积极的作用。但是与此同时，不可忽视在会计软件应用过程中存在的一些问题。本节通过对会计电算化下计算机软件应用存在的问题进行浅析，进而针对性地提出加强其应用控制的具体方式，以确保会计信息的完整性、真实性、可靠性。

随着会计电算化的普及，各类的财会软件被广泛应用到企业会计工作中，推动了企业的信息化管理和发展。同时，由于会计工作的自身特点及网络技术的快速发展，对会计电算化系统提出了更高的要求。有效的计算机软件应用控制，是会计信息从原始数据输入到会计账簿报表输出全过程中，确保其真实性、完整性的重要保障。所以，分析和探讨会计电算化下的有效计算机软件应用控制方式，对提高会计工作质量和效率具有重要的现实意义。

一、会计电算化下的计算机软件应用存在的问题

（一）对会计电算化认识不足

许多企业认为会计电算化只是把手工做账转换为计算机录入的一种的方式，只要是软件一次性购买、投入使用就不用关注软件的升级问题。还有许多企业虽然重视软件的开发、购买、升级，但是却忽视了计算机系统的使用安全性，以及企业会计内部控制制度是否健全，这样会直接影响会计电算化数据的真实性、完整性。

（二）难以保证会计信息的真实性

会计电算化的使用极大地提高会计工作的质量和效率，使会计数据的收集、存储、处理、传递、报告方式都脱离了传统的手工做账方式，全部可以在计算机软件上作业完成，这样不仅保证了数据生成的高效性，还实现了会计信息资源的共享。但是，许多企业只是改变了做账方式，仍存在以往手工做账人为干预过多的不良现象，使会计工作仍然受控于领导的授意，缺乏独立性。会计电算化的应用没有从根本上改变长久以来会计工作的弊端。

（三）会计电算化软件自身的不完善

新会计制度规定，会计方法一旦选定，不能随意更改，如果要更改，必须上报，得到上级主管部门的批准，同时在会计报表附注中加以说明。而现行会计软件中未设置本年度内不允许改动的控制功能，这就使得一些用户随意修改，甚至伙同软件开发商一起进行反结账、反记账等违反会计制度的活动。

（四）电算化审计的发展滞后

我国的《独立审计具体准则第 20 号—计算机信息系统环境下》有具体说明：在计算机信息系统环境下，注册会计师可以采取以下方式实施审计程序，获得审计证据："手工审计方式；计算机辅助审计方式；以上两种方式结合使用。"但是在实际操作中，对于会计信息资料的审计较难实现电算化。究其根本原因在于：一是审计人员没有熟练掌握计算机的审计技术，仍沿袭传统的手工审计的方式；二是软件开发商热衷于对会计软件的开发，对审计软件的开发速度慢。这使得电算化审计的发展远远滞后于会计电算化的发展。

二、加强会计电算化下的有效计算机软件应用控制具体方式

（一）会计电算化软件必须具备合法性、易用性

会计电算化软件的开发必须要遵循国家统一的会计制度及公认的会计原则，具备合法性、合规性。在此基础上，实现会计软件的易懂易操作。因为，对于年龄偏大的会计人员来说，他们对计算机知识了解甚少，要使其在最短的时间内由手工做账转变为电算化做账方式，这就需要会计软件的开发人员能够设身处地为软件操作者考虑，使会计软件具备易用性。

（二）软件开发商要完善售后服务体系

现阶段，在利益的驱使下，软件开发商往往重视软件的销售，而忽略软件的售后服务和维护，致使许多企业在使用会计软件过程遇到问题，得不到及时的解决。长此以往，既影响了软件开发商的商业信誉，又影响了会计软件的普及和可持续发展。因此，软件开发商应该主动承担会计软件的维护及售后服务工作，积极组织对购买会计软件的用户进行售前及售后培训，使他们熟悉掌握会计软件的各项操作。并且用户在会计软件使用过程中遇到任何问题，软件开发商都要尽力帮助解决，避免因软件使用上的问题而耽误会计的正常工作。

（三）加强企业会计内部控制

（1）调整会计部门的岗位设置，制定上机管理制度。实现会计电算化后，企业要在充分考虑自身实际情况的基础上，及时调整原有的组织机构，目的在于使调整后的组织机构与会计电算化相配套。可以按会计岗位和工作职责划分为电算化会计主管、软件操作、审核记账、点算审查、数据分析等岗位。除了岗位明确划分以外，企业还要重视会计电算化软件操作的安全性和保密性，制定并落实严格的上级管理制度，如上机记录制度、轮流值班制度、上机时间安排、完善的操作规程、操作日志等。同时，用于会计软件的计算机要专人专用，以保证每位工作人员只在自己的计算机上和自己的权限范围内做好本职工作。

（2）加强对会计电算化软件的日常管理控制。主要从三个方面着手：首先，要做好对会计电算化软件的日常维护及软件的及时升级工作。为了避免由于网络病毒、木马等侵

袭造成计算机使用安全性的下降，从而影响会计软件的正常运行，甚至影响会计信息的安全性，所以会计上机操作人员应该做好的计算机系统维护工作，及时查杀病毒、木马，为会计软件的正常运行营造良好的网络环境。其次，制定日常上级操作规程，包括软硬件操作规程、上级操作时间等。当经济业务发生时，通过计算机的控制程序，对业务发生的合理性、完整性和合法性进行检查和控制；再次，完善企业内部控制制度，各级领导不能干涉会计的正常工作，不能授意更改会计信息的数据录入。另外防止数据在传输过程中发生错误、丢失、泄密等事故，企业还应采用各种先进的技术手段以确保数据在传输过程中的准确性、可靠性。

（3）完善计算机的识别控制。企业要对计算机操作系统的用户身份、操作时间、事件类型、系统参数及敏感资源进行实时监控和记录，并且要定期或不定期检查会计软件操作记录。进行必要的权限设置，以便系统能够对不同权限的用户进行识别控制，以防止发生人为恶意篡改、删除、增添会计信息的行为，确保原有会计信息的真实性和安全性。

随着会计电算化在我国企业的普及，对传统会计工作方式及与之相配套的会计内部控制，都产生了巨大的影响。在简化会计工作量，提高会计工作效率的同时，也增加了会计信息的安全隐患。所以，企业必须重视对会计计算机软件的应用控制，建立健全与之配套的会计内控体系，这样才能中分发挥电算化会计系统的高效性与准确性，为会计信息的使用者提供真实、可靠、完整的信息资料，为企业健康持续发展奠定基础。

第十节　计算机软件数据接口的应用

计算机软件数据是解决当前计算机应用软件在通用性、兼容性等方面问题的有效手段，其不仅在设计环节有着多种原则性要求，同时还存在着不同的应用模式，为人们对计算机软件的应用提供了很大的便利。本节对计算机软件数据接口的概念进行了介绍，并对其具体的设计原则与应用模式进行了简单探讨。

随着信息技术的不断发展，越来越多的系统软件被开发出来，这不仅给人们的工作与生活带来了帮助，同时也造成了软件间数据转换与共享的困难，因此对于计算机软件数据接口的研究与应用是非常必要而迫切的。

一、计算机软件数据接口的概念

计算机软件数据接口实际上是一种数据库与应用软件等的连接标准与规范，是在当前复杂的计算机软件市场的基础上产生的。目前软件市场上的计算机软件开发商非常多，而不同软件开发商在软件开发过程中所定义的数据结构自然也是不同的，这使得不同数据结构的软件或数据库就无法直接建立连接。为此，一些软件开发商建立了相应的连接标准，将数据库、连接端口与程序分离开来，并通过对外接口实现不同数据结构软件、数据库间的双向传输与交流。这种数据连接标准不仅具有灵活性、安全性的特点，同时还能够对软件间的数据传输进行提供辅助功能，使数据传输与交流变得更加便捷。

二、计算机软件数据接口的设计原则

（一）实用性原则

计算机软件数据接口目前在设计上并未统一，但总体上仍需遵循几种原则，而实用性原则正是其中之一。计算机软件数据接口主要用于帮助用户建立软件间的连接，由于软件与实际用途的差异，不同用户往往有着不同的功能需求与侧重，因此对计算机软件数据的应用需要从设计环节开始，设计者必须要对客户的设计要求进行明确，并以此为基础展开功能设计，使计算机软件数据接口更能够满足客户需求。

（二）面向对象原则

面向对象原则简单来说就是要提高设计的合理性与科学性，强调设计的目的性，从而尽可能地提高软件使用的效率与效果，并对接口的功能进行全面而准确的描述。同时，接口还需要尽量详细、复杂，以降低程序模块间的耦合性，从而有效节约开发成本、降低设计难度。

（三）兼容性原则

计算机软件数据接口最基本的功能是实现不同计算机、数据库间数据的有效交流与传输，而软件的兼容则是实现这一功能的重要前提，因此，计算机软件数据在设计过程中必须要保证其与不同软件之间具有良好的兼容性。

（四）可扩展原则

在信息技术高速发展的推动下，当前软件市场上的各类软件普遍都具有较快的更新速度，软件种类的开发速度也变得越来越快，而在这一更新开发的过程中，软件的数据结构也必然会产生一定的变化，而接口自然也要在此基础上随之更新。

因此，计算机软件数据接口在设计时需要保证其具有较广的应用范围，同时能够实现较好的可扩展性，以免当软件更新后接口功能出现问题时，后续的有接口优化工作难度大大提升。

（五）规范性原则

由于当前软件编程语言与数据库技术的多样性，计算机软件数据接口所设计的标准也会因开发商而异，这不仅会给用户的接口维护、管理工作带来很大的困难，同时也会提升后续设计工作的难度，为此，目前国家已经对软件数据接口制定了一些规范，而开发商在计算机软件数据接口的设计环节中，则应尽可能的遵守这些原则，以降低后续设计难度并维护用户利益。

三、计算机软件数据接口的具体应用

（一）中间数据库模式

中间数据库模式简单来说就是由开发商建立一个用于进行数据操作的公共数据库，并建立相应的数据操作标准，而用户在得到开发商授权后，可以直接访问开发商指定的主流数据库，如 SQL、Oracle 等，按照既定的数据操作标准对软件数据进行操作，从而实现不同计算机软件之间的数据交互。这种模式在开发商相对简单，数据操作也更为灵活，但由于数据库的配置比较复杂，因此在应用上存在着一定的难度，而这也极大地限制了中间数据库模式的应用范围。

（二）文件交换模式

文件交换模式主要是依靠用户、软件开发商、接口开发商三方对数据文件的交换来实现数据的交流与传输。在这一模式下，当用户产生数据交互需求时，需要按照开发商的要求以特定的数据结构提供一个数据文件，软件在得到文件后会进行扫描，并按照既定规则进行返回一个文件，并让客户以 txt、ini 等常见文件格式或开发商自定义文件格式进行读取，以达到数据交互的效果。

（三）应用程序接口函数模式

应用程序接口函数模式主要是通过函数的调用来完成数据交互，在用户使用接口并进行数据交互之前，开发商会将数据交互时所需要进行的数据操作预先定义为一系列的函数，并存储在软件程序中，当用户需要进行数据交互时，直接将函数调出，就能够按照预定的数据操作完成数据交互。由于这种应用模式下的计算机软件数据接口安全性与普适性较好，因此目前的应用十分广泛。

总之，计算机软件数据接口既是计算机软件合理使用的重要保障，也是计算机技术发展下的必然产物，而想要实现计算机软件数据接口的有效应用，则还需严格遵守相关设计原则，并对几种应用模式进行充分的了解。

结束语

  由于计算机技术影响着人们的社会与生产活动，并且保持着旺盛的生命力，计算机最早是应用在军事科研，随后向社会的各个领域扩展，这就彰显出计算机整个产业有特别巨大的规模，并且还能够带动全球范围技术进步，导致引发深刻社会变革。计算机并不只是局限于企事业单位、学校工作伙伴，也走入到寻常百姓家当中，这是当前信息化社会当中的必备工具，还是人类步入信息时代的一项十分重要的标志。

  具体来说，计算机的软硬件主要存在着以下差别：一是在维护方面，硬件就如同平常生活当中的物品会变旧变坏，从理论上软件并不会出现这样的情况，然而现实过程当中，软件也会出现变旧变坏，究其原因，这主要是只有持续的维护状态下软件才能生存；二是从要求方面，软件有比较高的要求，绝对不允许出现丝毫误差，可是硬件产品允许存在极少数误差；三是从表现形式上，硬件存在着味、色、形，而软件只是存在于人的思想或者纸面上，只有允许机器程序才能够了解软件好坏；四是在生产方式上，硬件属于制造，软件属于开发，如阿年并不是传统意义上的硬件制造，而是高度发挥人的智力，即便有比较多的相同之处，但在制造和开发过程中，两者从根本上不同。

  软件开发所指的是系统性工程，则是按照用户相关要求建造出的如阿年系统或者是系统当中软件部分的过程，具体主要为需求捕捉、需求分析、设计、实现以及测试。实现软件则是通过用户某些程序设计语言。一般开发工具为软件开发，软件都会存在着对应软件许可，软件使用者只有在同意所使用的许可证条件下才可以合法使用软件，基于另外层面进行分析，某种特定软件许可条件不能有悖于法律，软件拷贝尚未通过软件版权所有者许可，甚至进行盗版软件的购买与使用都会出现法律问题。软件的一个生存周期则是开始计划一直延续到废弃，具体有计划、开发、运行，各个阶段其构成为若干更小时期。计划阶段有界定问题与可行性研究；开发阶段有编码、概要设计、需求分析、详细设计；运行阶段则是维护与测试。开发软件项目的基本就是系统计划、设计、编码、维护、分析、测试等步骤。

  计算机软件能够划分成系统软件、应用软件，系统软件所指的是计算机维护、监控、管理的软件，比如自检程序、操作系统等。应用软件则是指为了将某些具体问题解决的软件，比如学习管理软件等。基于功能上进行分析，软件则是指通过计算机所具备的逻辑功能利用合理组织计算机工作，对于人们使用计算机过程简化甚至代替的工作环境。

  开发应用软件其目的是处于某种特定用途，编制应用软件往往根据用户通过计算机的利用将某类实际问题解决。应用软件是一组功能紧密联系，能够相互协作程序集合，还能是一个诸如图像浏览器这样的特定程序，甚至还能是属于一个诸如数据库管理系统，这种通过各种独立程序组成的庞大软件系统。

参考文献

[1] 徐洁磐编著 . 计算机系统导论 [M]. 北京：中国铁道出版社，2016.09.

[2] 李天博主编 . 计算机软件技术基础 [M]. 南京：东南大学出版社，2011.02.

[3] 罗琼主编；杨微副主编；卢青华，张莉娜，袁丽娜，陈孝如参编 . 计算机科学导论 [M]. 北京：北京邮电大学出版社，2016.08.

[4] 索红军著 . 计算机软件设计与开发策略 [M]. 北京：北京理工大学出版社，2014.01.

[5] 邢静宇主编 . 计算机软件技术基础 [M]. 长春：吉林大学出版社，2014.08.

[6] 徐洁磐主编；封玲，李书珍副主编 . 计算机软件基础 [M]. 北京：中国铁道出版社，2013.07.

[7] 毛靖添，景晓宇，王春慧主编 . 计算机软件测试 [M]. 哈尔滨：哈尔滨地图出版社，2007.07.

[8] 向玫玫等编著 . 中国美术 计算机软件应用 [M]. 沈阳：辽宁美术出版社，2014.02.

[9] 刘金凤，赵鹏舒，祝虹媛主编；袁宏娜，何勇军副主编 . 计算机软件基础 [M]. 哈尔滨：哈尔滨工业大学出版社，2012.08.

[10] 刘运林，陆吉明主编；吴学辉，冯传清，常光明副主编 . 土木工程计算机软件应用 [M]. 武汉：武汉大学出版社，2013.12.

[11] 易禹，廖年冬主编 . 高等学校计算机教材 软件测试简明教程 [M]. 武汉：武汉大学出版社，2012.03.

[12] 邓达平著 . 计算机软件课程设计与教学研究 [M]. 西安：西安交通大学出版社，2017.06.

[13] 王海燕主编；罗静，赵永熹副主编 . 计算机软件技术基础 [M]. 北京：航空工业出版社，2012.02.